国家基本职业培训包教程

ZHONGSHI PENGTIAOSHI

中式烹调师

（中级）

人力资源社会保障部教材办公室 组织编写

中国人力资源和社会保障出版集团

中国劳动社会保障出版社　中国人事出版社

图书在版编目(CIP)数据

中式烹调师：中级 / 人力资源社会保障部教材办公室组织编写. -- 北京：中国劳动社会保障出版社：中国人事出版社，2019

国家基本职业培训包教程

ISBN 978-7-5167-3832-0

Ⅰ.①中… Ⅱ.①人… Ⅲ.①中式菜肴-烹饪-职业培训-教材 Ⅳ.①TS972.117

中国版本图书馆 CIP 数据核字（2019）第 023716 号

中国劳动社会保障出版社
中国人事出版社 出版发行

（北京市惠新东街1号 邮政编码：100029）

*

三河市华骏印务包装有限公司印刷装订　新华书店经销

787毫米×1092毫米　16开本　10.5印张　186千字

2019年4月第1版　2021年12月第3次印刷

定价：28.00元

读者服务部电话：(010)64929211/84209101/64921644

营销中心电话：(010)64962347

出版社网址：http://www.class.com.cn

版权专有　　侵权必究

如有印装差错，请与本社联系调换：(010) 81211666

我社将与版权执法机关配合，大力打击盗印、销售和使用盗版图书活动，敬请广大读者协助举报，经查实将给予举报者奖励。

举报电话：(010) 64954652

国家基本职业培训包

编审委员会

主　　任：张立新　张　斌

副 主 任：王晓君　袁　芳　魏丽君

委　　员：王　霄　项声闻　杨　奕　蔡　兵　陈　蕾　葛恒双
　　　　　张　伟　赵　欢　吕红文

本书编审人员

主　　编：彭　涛　乔　兴

编　　者：陈少俊　陈敬骅　黄金波　王　丰　刘雪峰　赵　刚

前言
Preface

为贯彻落实《中华人民共和国国民经济和社会发展第十三个五年规划纲要》提出的"实行国家基本职业培训包制度"的要求，全面推进《国务院关于推行终身职业技能培训制度的意见》各项部署，按照《人力资源社会保障部办公厅关于推进职业培训包工作的通知》的工作安排，"十三五"期间，组织开发100个国家基本职业培训包，指导开发100个地方（行业）特色职业培训包。职业培训包开发工作是新时期职业培训领域的一项重要基础性工作，旨在形成以综合职业能力培养为核心，以技能水平评价为导向，实现职业培训全过程管理的职业技能培训教学服务体系，这对于进一步提高培训质量，加强职业培训规范化、科学化管理，促进职业培训与就业需求的有效衔接，推行终身职业培训制度具有积极的作用。

职业培训包是依据《国家职业技能标准》，结合职业岗位实际需求开发的，集培训标准、课程规范、教学与学习资源、职业指南、培训机构设置指南等于一体的职业培训资源总和，是职业技能培训规范性技术文件。国家基本职业培训包由指南包、课程包、资源包三个子包构成，三个子包各含有相应培训内容与教学资源。

人力资源社会保障部教材办公室组织参加"国家基本职业培训包（指南包　课程包）"编制的专家及其他有关专家依据指南包、课程包，编写了"国家基本职业培训包教程"（简称培训包教程）。

培训包教程是职业培训包中资源包的重要组成部分。教程严格对应职业培训包课程规范要求，遵循职业培训教学规律，紧密结合经济社会发展的新要求和企业技术进步的实际需要编写。另外，探索"互联网＋职业培训"模式，在开发培训包教程的同时，配套开发数字课程资源，实现线上线下培训的有机衔接。

培训包教程分级别编写，其中，基本素质内容涵盖课程包的职业基本素质培训要求，是各级别均需掌握的基础知识；各级别教程采用"模块—课程—学习单元"的设计结构，与课程包的课程规范结构一一对应。

培训包教程适用于各类政府补贴培训、企业自主培训和市场化培训，是公共实训机构、职业院校（含技工院校）、职业培训机构和行业企业开展职业培训的重要资源。

培训包教程在编写中得到了浙江商业职业技术学院、四川旅游学院、广东省粤东技师学院、山东省城市服务技师学院的大力支持，在此表示衷心感谢。

培训包教程编写是一项探索性工作，欢迎培训单位和培训学员在使用中提出宝贵意见，以臻完善。

人力资源社会保障部教材办公室

Contents
目录 | 中式烹调师（中级）

原料初加工

模块 1

课程 1-1　鲜活原料的初加工
- 学习单元 1　动物性鲜活原料品质鉴别　　003
- 学习单元 2　家畜类的头、蹄、尾部及内脏原料清洗整理　　013
- 学习单元 3　无鳞鱼类原料清洗整理　　019
- 综合实训　　021

课程 1-2　加工性原料的初加工
- 学习单元 1　加工性原料的品质鉴别　　024
- 学习单元 2　蹄筋、肉皮等干料涨发加工　　030
- 综合实训　　032

原料分档与切割

模块 2

课程 2-1　原料分割
- 学习单元 1　家畜类原料的分割、取料　　035
- 学习单元 2　无鳞鱼类原料的分割、取料　　040
- 综合实训　　041

课程 2-2　原料切割成形
- 学习单元 1　剞刀工艺　　043
- 学习单元 2　食品雕刻工艺　　054
- 综合实训　　058

课程 2-3　菜肴组配

学习单元 1　多种原料菜肴组配　　060
学习单元 2　基础花式菜肴组配　　065
综合实训　　068

原料预制与预制加工处理

模块 3

课程 3-1　着衣处理
学习单元　浆、糊的调制　　073
综合实训　　077

课程 3-2　调味、调色处理
学习单元 1　调味　　080
学习单元 2　调色　　089
综合实训　　093

课程 3-3　预熟处理
学习单元 1　过油预熟处理　　097
学习单元 2　走红预熟处理　　099
学习单元 3　制汤　　101
综合实训　　104

菜肴制作

模块 4

课程 4-1　临灶操作
学习单元 1　火候概述　　109
学习单元 2　勾芡技术　　112
综合实训　　114

课程 4-2　热菜制作
学习单元 1　以水为传热介质的烹调方法　　117
学习单元 2　以油为传热介质的烹调方法　　124

学习单元 3　以汽为传热介质的烹调方法　　　142
综合实训　　　144

课程 4-3　冷菜制作
学习单元 1　热制冷食菜肴的制作　　　147
学习单元 2　拼盘的制作　　　150
综合实训　　　156

模块 1 原料初加工

- 课程 1-1 鲜活原料的初加工
- 课程 1-2 加工性原料的初加工

课程设置

课程	学习单元	课堂学时
1-1 鲜活原料的初加工	（1）动物性鲜活原料品质鉴别	1
	（2）家畜类的头、蹄、尾部及内脏原料清洗整理	1
	（3）无鳞鱼类原料清洗整理	2
1-2 加工性原料的初加工	（1）加工性原料的品质鉴别	1
	（2）蹄筋、肉皮等干料涨发加工	1

课程 1-1 鲜活原料的初加工

学习内容

学习单元	课程内容	培训建议	课堂学时
（1）动物性鲜活原料品质鉴别	动物性鲜活原料的品质鉴别 ①家畜原料的品质鉴别 ②家禽原料的品质鉴别 ③水产品原料的品质鉴别	（1）方法：讲授法、演示法、讨论法 （2）重点与难点：动物性鲜活原料的品质鉴别	1

续表

学习单元	课程内容	培训建议	课堂学时
（2）家畜类的头、蹄、尾部及内脏原料清洗整理	1）家畜类原料清理加工技术要求 2）家畜初加工的常用方法 3）家畜类的头、蹄、尾部加工 ①猪头 ②猪蹄 ③猪尾 4）家畜内脏原料初加工 ①猪腰 ②猪肠 ③猪肚 ④猪肺 ⑤猪舌 ⑥猪脑	（1）方法：讲授法、演示法、讨论法 （2）重点与难点：家畜类的头、蹄、尾及内脏原料的初加工	1
（3）无鳞鱼类原料清洗整理	1）无鳞鱼类原料初加工技术要求 2）无鳞鱼类原料初加工步骤 3）无鳞鱼类原料的加工实例 ①黄鳝的初加工 ②鳝片、鳝丝的加工	（1）方法：讲授法、讨论法、演示法 （2）重点：无鳞鱼类原料初加工步骤 （3）难点：黄鳝的初加工	2

学习单元 1　动物性鲜活原料品质鉴别

动物性鲜活原料是一类重要烹饪原料，其品质优劣决定着菜肴的质量。科学合理地把握动物性鲜活原料的性质与效能、正确判断其品质优劣，是选择动物性鲜活原料的关键。

动物性鲜活原料品质检验的指标主要包括感官指标、理化指标和微生物指标三方面。感官指标主要是指原料的色泽、气味、滋味、外观形态、杂质含量、水分含量、有无腐败变质现象等。理化指标主要指原料的营养成分、化学组成、农药残留量、重金属含量以及腐败变质后产生的有毒、有害物质等。微生物指标主要是指原料中细菌总数、大肠杆菌群数、致病菌的数量与种类等。不同原料的感官指标、理化指标及微生物指标各不相同。以下在家畜原料的品质鉴别中详细介绍感官、理化和微生物三种检验方式，在其他动物性鲜活原料的品质鉴别部分重点介绍有区别的部分。

一、家畜原料的品质鉴别

1. 感官检验

感官检验主要依赖人体自身的感觉器官进行检验，比如通过人的嗅觉、视觉、触觉和味觉等来鉴别动物性原料的品质。感官检验具有简单、直观、易操作等特点，主要是通过观察和感受动物性鲜活原料的表面和切面的状态，如色泽、黏度、弹性、气味及煮沸后汤汁的变化等来判断动物性鲜活原料的品质。

（1）色泽。新鲜家畜的肌肉有光泽，红色均匀，脂肪洁白；次鲜家畜的肌肉颜色稍暗，脂肪缺乏光泽；变质家畜的肌肉无光泽，脂肪呈灰绿色。

（2）黏度。新鲜家畜肉的外表较干，不黏手；次鲜家畜肉的外表略湿润，稍黏手；变质家畜肉的外表湿润、起腐、黏手。

（3）弹性。新鲜家畜肉指压后产生的凹陷立即恢复；次鲜家畜肉指压后产生的凹陷恢复较慢，且不能完全恢复；变质家畜肉指压后产生的凹陷无反弹，有明显痕迹。

（4）气味。新鲜家畜肉具有鲜肉的正常气味，次鲜家畜肉略有氨味或略带酸味，变质家畜肉带有一定的臭味。

（5）肉汤。新鲜家畜肉熬制的汤汁透明澄清，脂肪团聚于表面，具有香味；次鲜家畜肉熬制的汤汁稍有混浊，脂肪滴浮于表面，无鲜味；变质家畜肉熬制的汤汁较浑浊，有絮状物，并带有一定的臭味。

2. 理化检验

理化检验包括挥发性盐基总氮的测定、pH值的测定、硫化氢试验、氨的测定等，其中挥发性盐基总氮含量是评价肉的鲜度变化程度比较客观的指标。挥发性盐基总氮是指肉浸液在弱碱性条件下与水蒸气一起蒸馏出来的氮的总量，在肉的变质过程中其含量值有规律地发生变化。因此，测定其含量能反映肉品原料的鲜度，新鲜肉、次鲜肉、变质肉之间的差异非常明显，并与感官变化相一致。其他指标仅作参考。

3. 微生物检验

新鲜肉在显微镜下一个视野中看不到细菌或一个视野中只有一个细菌，且为球菌，完全看不到分解的肉组织；次鲜肉在显微镜下一个视野中细菌数为 20~30 个，并可明显观察到分解的肉组织；变质肉在显微镜下一个视野中的细菌数在 30 个以上，且多数为杆菌，并有大量分解的肉组织。

二、家禽原料的品质鉴别

家禽原料的品质鉴别主要通过观察和感受家禽的嘴部、眼部、皮肤、脂肪、肌肉及肉汤的变化来判断。

1. 嘴部

新鲜的家禽嘴部有光泽、有弹性、干燥无黏液，无异味；不新鲜的家禽嘴部无光泽，部分失去弹性，稍有异味；腐败的家禽嘴部颜色暗淡，角质部软化，口角有黏液，并有腐败气味。

2. 眼部

新鲜家禽的眼部眼球充满整个眼窝，角膜有光泽；不新鲜的家禽眼球部分下陷，角膜无光；腐败的家禽眼球下陷较大，同时有黏液、角膜暗淡无光泽。

3. 皮肤

新鲜的家禽皮肤呈特有的淡黄色或白色，表面干燥，并具有家禽特有的气味；不新鲜的家禽皮肤呈淡灰色或淡黄色，表面发潮，有轻微的腐败气味；腐败的家禽皮肤灰黄，有的地方甚至呈淡绿色，表面很湿润，有较浓郁的霉味或腐败味。

4. 脂肪

新鲜的家禽脂肪颜色呈白色稍带淡黄色，有光泽，无异味；不新鲜的家禽脂肪色泽变化不太明显，但稍带异味；腐败的家禽脂肪颜色呈淡灰或淡绿色，有酸臭味。

5. 肌肉

新鲜家禽的肌肉，结实而有弹性。鸡的肌肉为玫瑰色，有光泽，胸肌为白色或带淡玫瑰色；鸭、鹅的肌肉为红色，幼禽肉有光亮的玫瑰色，稍湿不黏，有特有的香味。不新鲜家禽的肌肉弹性变小，用手指压时，留有明显的指痕，带酸味及腐败味。腐败的家禽，肌肉为暗红色、暗绿色或灰色，有较重的腐败味。

6. 肉汤

新鲜家禽熬制成的肉汤透明芳香，表面有大的脂肪油滴；不新鲜家禽熬制成的肉汤不太透明，脂肪滴小，有腥臭气味；腐败家禽熬制成的肉汤混浊，有腐败气味，几乎无脂肪滴。

三、水产品原料的品质鉴别

1. 鱼类

鱼类的品质鉴别可通过观察和感受鱼的鳃、眼、鳍、表皮、肉质、体态六方面的变化进行判断。

（1）鳃。新鲜鱼的鳃盖紧闭，色泽鲜红，有的还带血，无黏液和污物，无异味；不新鲜鱼的鳃呈淡红或灰红色；腐败变质鱼的鳃呈灰白色或变黑，并附有浓厚黏液与污垢，伴有一定的臭味。

（2）眼。新鲜鱼的眼光洁明亮，略呈凸状，完好无遮盖；不新鲜鱼的眼灰暗无光，甚至还蒙上一层糊状厚膜或污垢物，眼球模糊不清，并呈凹状；腐败变质鱼的眼球破裂移位。

（3）鳍。新鲜鱼的鳍表皮紧贴鳍条，完好无损，色泽光亮；不新鲜鱼的鳍表皮色泽减退，且有破裂现象；腐败变质鱼的表皮剥脱，鳍条散开。

（4）表皮。新鲜鱼的表皮有光泽，鳞片完整，紧贴鱼身，鱼鳞层次鲜明，鱼身附着稀薄黏液；不新鲜鱼的表皮灰暗无光泽，鳞片有松脱现象，鱼鳞层次模糊不清，有的鱼鳞片变色，表皮有厚黏液；腐败变质鱼的表皮色泽全变，有较厚的黏液，液体黏手，且有一定的臭味。

（5）肉质。新鲜鱼肉的组织紧密，肉质坚实，用手按压弹性较好；不新鲜鱼肉的肌肉弹性小，用手指按压留有明显的指痕，手松开后被按压处的凹陷久久难以恢复；

腐败鱼的鱼肉松弛，无弹性，用手按压能使肉与骨脱离。

（6）体态。新鲜鱼拿起来身硬体直，鱼唇坚实，不变色，腹紧，肛门呈一圆坑状。如果鱼拿在手上肉无弹性，头尾松软下垂，唇肉苍白，腹部胀大松软，肛门突出，就不够新鲜。

2. 虾蟹类

（1）虾。目前烹调中常用的虾类主要有在淡水中生活的沼虾、白虾等，在海水中生活的龙虾、对虾、毛虾等。

1）沼虾。沼虾在我国南北各地的淡水湖泊中均有出产；也已开始人工养殖。沼虾盛产于夏季。其品质鉴别主要是以虾身弯曲自然、有弹性、肢体完整、虾壳光亮且坚硬、虾肉坚实者为佳，如图1-1-1所示。

图 1-1-1 沼虾

2）龙虾。龙虾是体型最大的虾类，在我国主要产于浙江、广东、福建、台湾等南海及东海南部地区。龙虾盛产于夏季、秋季。龙虾的品质鉴别主要是以肢体完整、活动能力强、虾壳光亮且坚硬、肉质坚实者为佳，如图1-1-2所示。

图 1-1-2 龙虾

3）对虾。对虾又称明虾、大虾。北方市场上习惯按"对"销售，故称"对虾"。在我国对虾主要产于渤海和黄海沿海地区，东海也有出产；现已开始人工养殖。对虾盛产于夏季、秋季。其品质鉴别主要是以虾身弯曲自然、有弹性、肢体完整、虾壳光亮且坚硬、虾肉坚实者为佳，如图1-1-3所示。

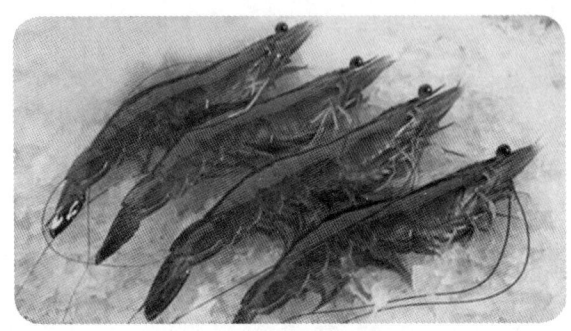

图1-1-3 对虾

4）基围虾。基围虾在我国主要产于广东、福建一带，一年四季均有出产，6—10月为上市的旺季。其品质鉴别主要是以虾身弯曲自然、有弹性、肢体完整、虾壳光亮且坚硬、虾肉坚实者为佳，如图1-1-4所示。

图1-1-4 基围虾

（2）蟹。蟹肉味鲜甜、洁白细嫩。在生殖季节，雌蟹的卵块色泽金黄、松沙多油，称为"蟹黄"；雄蟹的生殖腺色泽玉白、细嫩肥润，称为"脂膏"。在烹调中，运用较多的蟹有梭子蟹、青蟹、中华绒螯蟹等。

1）梭子蟹。梭子蟹又称海蟹，我国沿海均产，渤海、黄海出产最多，春、秋两季出产的品质最好。其品质鉴别主要是以个体肥大、肢体完整、腹部饱满厚重、腿部坚硬者为佳，如图1-1-5所示。

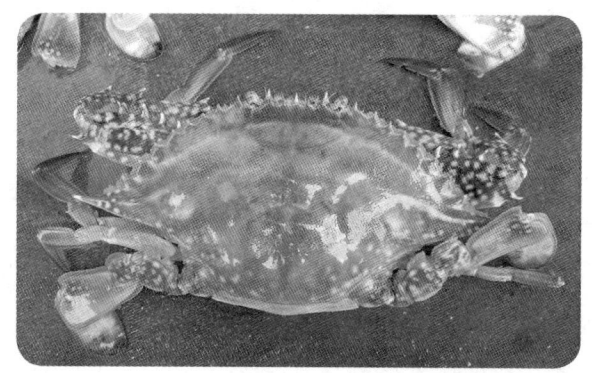

图 1-1-5　梭子蟹

2）青蟹。青蟹又称锯缘青蟹，在我国主产于福建、广东、台湾、浙江等沿海地区。青蟹一年四季均出产，9—11月最为肥美。其品质鉴别主要是以个体肥大、肢体完整、腹部饱满厚重、腿部坚硬者为佳，如图1-1-6所示。

图 1-1-6　青蟹

3）中华绒螯蟹。中华绒螯蟹又称为大闸蟹，产于我国南北各水系，以江苏阳澄湖所产最为著名。中华绒螯蟹出产于秋季，中秋节前后为盛产期。品质鉴别主要是以个体肥大、肢体完整、腿肉坚实者为佳，如图1-1-7所示。

图 1-1-7　中华绒螯蟹

3. 贝类

烹饪中常用的贝类有花蛤、蚶、牡蛎、螺和指甲蛏等。

（1）花蛤。花蛤又名文蛤，我国南北沿海地区均有大面积养殖，广东、辽宁、山东、江苏和福建等省的沿海地区产量较多。花蛤盛产于春末夏初，清明前后为出产旺季。品质鉴别主要是观察其在淡盐水中浸泡后的表现。鲜活的花蛤在淡盐水中浸泡，双壳会开启"吐"泥沙，如图1-1-8所示。在淡盐水中双壳闭合，就不是活花蛤。不新鲜的花蛤炒熟后有异味、臭味。

图1-1-8 花蛤

（2）蚶。蚶分布于辽宁、河北、山东、江苏、浙江、福建、广东等省的沿海地区，尤其喜在有淡水流入的河口附近生活。蚶以冬季出产的最为肥美。新鲜蚶外壳亮洁，两片贝壳紧闭严密，不易打开，闻之无异味，如图1-1-9所示。如果壳体绒毛状壳皮脱落，外壳变黑，两片贝壳开启，有臭味，则不能食用。

图1-1-9 蚶

（3）牡蛎。牡蛎又称生蚝，我国沿海均产。牡蛎一年四季均有出产，从冬至到次年清明为最佳食用期。餐馆、酒家所用的一般都是来自市场已开壳的牡蛎。新鲜的牡蛎肉色泽青白，光泽明亮，气味正常，如图 1-1-10 所示。不新鲜的牡蛎肉呈乳白或乳红色，没有光泽，有异味。

图 1-1-10　牡蛎

（4）螺。烹饪中常用的螺有海水螺和淡水螺两种，海水螺包括响螺、花螺、海螺等，淡水螺包括田螺、坑螺等。

1）响螺。响螺在我国的黄海、东海及南海沿岸地区均有出产，多产于夏、秋两季。响螺以活为鲜，活响螺的螺头会伸出壳外，螺厣随螺头而动，以螺肉大、壳薄者为佳，如图 1-1-11 所示。若螺厣在水中不动，且螺尾有白色液汁流出，说明螺已死。

图 1-1-11　响螺

2）花螺。花螺又名东风螺，在我国广东沿海分布较广，粤西海区为主要产区。盛产于夏、秋两季。花螺以鲜活、大小均匀者为佳。活花螺的螺头会伸出壳外，螺厣随螺头而动，有光泽，如图 1-1-12 所示。若螺厣在水中不动，且螺尾有白色液汁流出，说明螺已死。

3）田螺。田螺又称黄螺，产于我国华北和黄河流域、长江流域、珠江流域等湖泊、沼泽、河流、水田处，夏季盛产。田螺以鲜活、大小均匀者为佳。活田螺表面光滑，螺头会伸出壳外，螺厣随螺头而动，如图 1-1-13 所示。若螺厣在水中不动，且螺尾有白色液汁流出，说明螺已死。

图 1-1-12　花螺

图 1-1-13　田螺

（5）指甲蛏。指甲蛏分布于我国沿海地区，出产于春、夏两季。鲜活指甲蛏张开壳后不断射水吐沙，拨动它则闭壳，如图 1-1-14 所示。若两壳张开，半露肌体，拨动或用手指捏住毫无反应，说明蛏已死去，不及时处理就会变味。

图 1-1-14　指甲蛏

学习单元2 家畜类的头、蹄、尾部及内脏原料清洗整理

家畜类原料一般都是经屠宰场宰杀后供应的。因此，它的初步加工主要在于洗涤整理。肉类容易洗涤干净，头、蹄、尾部及内脏等原料异味重、污物多，较难清洗。

一、家畜类原料清理加工技术要求

家畜类原料的肉一般都较清洁卫生，基本无污染，因此，其清理加工方法简单，基本上是将表面洗擦干净即可。

家畜类原料的头、蹄、尾部及心、肝、肺、肚、腰、肠等内脏是中式烹调中重要的烹饪原料。由于这些原料带污秽较多，污染严重，而且黏液较多，必须彻底清洗干净才能符合食用要求，因此一般加工要符合下列要求。

1. 清洁卫生，方法得当

家畜的头、蹄、尾部及内脏因品种不同、性质各异，其加工方法也各不相同。例如，初加工猪肺，因肺内有许多支气管与肺总气管相通，而支气管中常藏有污物，故宜采用灌水冲洗法；而脑组织质地软嫩，不宜用力洗涤，多采用清水漂洗法；加工家畜蹄足，因其多带有未除尽的毛、皮等，甚至带有黏附较紧的污物，故多采用刮剥洗涤法，以有效除去毛皮污物。总之，无论采用何种加工方法，都要以能保护原料的固有口感特征，并将原料彻底加工洁净为准则，确保人体食用后安全卫生。

2. 不改变原料质地，保护营养

家畜头、蹄、尾部及内脏处理加工的基本原则是除尽污物及异味，改善原料风味，但也应注意，每一种原料都有其固有的质地，它们往往带给食客熟悉的已定格的味感和质感。因此在进行清理加工时，以不改变原料固有的质地特征为宜。家畜内脏往往含有大量的维生素和无机盐，加工过程中很容易被破坏或流失，应采取有效的措施保

存营养素，提高食用价值。

3. 严格把关，减少污染

因家畜内脏含有大量水分，并带有大量黏液，极易滋生微生物，很容易腐败变质，因此在清理加工前应严格做好质量鉴定，严把卫生质量关。净料保管措施要得当，防止污染、腐败。加工成净料后应立即烹调使用，减少污染机会。

4. 细心处理，洗涤干净

家畜头、蹄、尾部及内脏在经特殊处理去除黏液、油脂、毛壳等污秽后，还须用清水反复洗涤干净，从而成为洁净的烹饪原料。

二、家畜初加工的常用方法

家畜头、蹄、尾部和内脏的初加工方法相对比较复杂，基本方法主要有：里外翻洗法、盐醋搓洗法、烫洗法、刮剥洗涤法、灌水冲洗法和清水漂洗法等。

1. 里外翻洗法

里外翻洗法是将内脏里面外翻，用清水冲洗或用食盐、醋等搓洗，再用清水冲洗，最后将内脏翻回原状。此方法有利于保证原料的内外彻底清洁卫生。里外翻洗法主要用于肠、肚等内脏的初加工。

2. 盐醋搓洗法

盐醋搓洗法是用食盐、醋等反复搓洗内脏，再用清水洗净污物、油腻及黏液。此方法有去除内脏异味的作用，主要用于洗涤黏液和污秽较多的原料，如肠、肚等。但因盐具有很强的渗透性，加工过程中容易使肠、肚组织细胞中的水分渗出，导致肠壁或肚壁变薄，质地变老、变韧，现在饮食行业正在探索用其他原料代替，如血粉等。

3. 烫洗法

烫洗法是将内脏投入沸水中稍烫，当内脏开始卷缩、白毛转色时立即捞出，然后再用刀刮洗。主要用于肠、肚、舌、爪的加工。

4. 刮剥洗涤法

刮剥洗涤法主要用于去掉内脏表面的黏液、污物以及一些原料上的残毛与硬壳等。这种方法多结合烫洗法进行,如头、蹄、尾、舌先烧、烫后,再用刀刮去残毛、硬壳洗净。

5. 灌水冲洗法

灌水冲洗法主要用于肺的洗涤。由于肺内的气管和支气管组织复杂,气泡多,血污不易清除,因此加工时常将肺管套在水龙头上,将水直接灌入肺中,致使肺叶扩张,从而去除血污,直至其色发白,再剥去肺外膜洗净。

6. 清水漂洗法

清水漂洗法主要用于质地较嫩、易碎原料的洗涤加工,如家畜的脑、脊髓、肝等原料。

三、家畜类的头、蹄、尾部加工

由于家畜类的头、蹄、尾部的结缔组织大致相似,因此其初加工方法也基本相同。下面以猪的头、蹄、尾部初加工为例进行讲解。

1. 猪头

(1)加工步骤

火燎去毛──→热水浸泡──→刮去焦皮──→拆下皮肉组织──→洗涤。

(2)加工方法

1)将带皮毛的猪头上火烧燎,将表皮上的绒毛烧掉。

2)将烧燎后的猪头放入热水中,使表面焦皮浸泡回软,用刀刮去焦煳的皮层,并刮去余毛。用尖刀剔去耳朵中的污垢,从中间劈开。去除喉管部的甲状腺,清洗干净。

3)在头的前中部竖划一刀,拆下猪头的皮肉组织。

4)用清水漂洗干净。

2. 猪蹄

（1）加工步骤

火燎去毛──→清水浸泡──→刮去焦皮──→洗涤──→初步熟处理。

（2）加工方法

1）擦干猪蹄外表的水分，将猪蹄放在明火上烤燎（或用喷气火枪烤燎），将表皮绒毛烧掉。

2）待猪蹄上的硬毛燎去、外皮焦黄时取下，放在盆中，用清水浸泡，再用小刀刮去猪蹄上的余毛和焦皮。

3）用清水反复冲洗，除去污物。

4）将清洗干净的猪蹄投入冷水锅，边加热、边搅拌，使猪蹄受热均匀。待水烧沸，猪蹄上的血污凝固，随即捞出，用清水反复冲洗干净。

3. 猪尾

（1）加工步骤

火燎去毛──→热水刮洗──→初步熟处理。

（2）加工方法

1）先用明火烧掉猪毛。

2）猪尾上的毛被燎去后，将其投入热水中，用手挤捏去除油腻，然后再投入热水锅中，边刮边洗，将猪尾上的污斑刮净。

3）用冷水洗净后投入冷水锅，加热至水沸腾，取出后用清水洗去污物。

四、家畜内脏原料初加工

家畜类内脏、舌、脑的结构大致相似，其初加工方法也基本相同，下面以猪的腰、肠、肚、肺、舌、脑的初加工为例进行讲解。

1. 猪腰

（1）加工步骤

撕去外皮──→平放侧剖为两片──→片去腰臊──→清水冲洗。

（2）加工方法

1）将猪腰平放在砧板上，用手撕去猪腰外部的纤维膜（俗称外皮）。

2）从猪腰的凸部下刀，将猪腰片成两片。

3）用片的方法批去白色髓质部（俗称腰臊）。

4）用清水反复浸泡冲洗，直至无异味、色淡、洁净为止。

2. 猪肠

（1）加工步骤

剥去油脂──→翻转猪肠──→撕去污物──→加醋反复搓洗──→清水洗净──→翻转揉搓──→初步熟处理。

（2）加工方法

1）剥去猪肠外面的油脂。

2）将手伸入肠内，把口大的一头翻转过来，用手指撑开，灌入清水。猪肠受到水的压力，就会逐渐地翻转，待猪肠完全翻转后，用手摘去肠内壁上附着的油脂、筋膜、硬肉。若无法摘去的，可以用剪刀剪去，再用清水反复冲洗干净。

3）取适量的食盐和醋，或者用适量的面粉等物质反复揉搓，待猪肠的黏液凝固脱离，再用冷水反复冲洗。

4）用步骤一的套肠方法，将猪肠翻回原样，反复揉搓后用清水洗净。

5）将洗干净的猪肠投入冷水锅，边加热，边用手勺翻动，待水烧沸，污秽凝固，取出猪肠，冲洗干净，漂去腥臭异味。

3. 猪肚

（1）加工步骤

洗去表面污物──→翻转搓洗──→沸水烫泡──→刮去白苔──→浸泡洗净。

（2）加工方法

1）将猪肚放入盆内，放入食盐和醋，用双手反复揉擦，使猪肚表面的黏液凝结脱离，然后用水洗去猪肚表面的黏液。

2）将手伸入猪肚内，抓住猪肚的另一端，将其翻转过来，再加入食盐和醋继续揉擦，然后用清水洗去黏液。

3）将猪肚投入沸水锅内焯水，待猪肚的内壁光洁爽滑，捞出用冷水漂洗。再将猪肚翻过来，投入冷水锅，边加热，边用手勺翻动，待水烧沸，即可去掉猪肚的腥膻恶臭味。捞出猪肚，用刀刮去白苔，清水冲洗干净。

4）将猪肚浸泡在冷水中。

4. 猪肺

　　（1）加工步骤

　　猪肺总管套在水龙头上──→用水反复冲洗至肺叶变白──→剥去肺外膜──→洗净待用。

　　（2）加工方法

　　1）用手抓住肺管，套在水龙头上，让水直接通过肺管灌入肺内，待肺叶充水胀大、血污外溢时，将猪肺取下平放在空盆内，用双手轻轻拍打肺叶，倒提起肺叶，使血污流出。如血污流出的速度很慢，可将双手平放在肺叶上，用力挤压，将肺叶内的血污挤压出来。按这种方法重复3~4次，直至猪肺色白、无血污流出。

　　2）用刀划破肺的外膜，用手剥去外膜。

　　3）用清水反复冲洗干净。

5. 猪舌

　　（1）加工步骤

　　冲洗──→沸水刮洗──→洗涤整理。

　　（2）加工方法

　　1）将猪舌冲洗干净。

　　2）放入沸水锅内烫泡（应掌握好加热时间，时间过长，舌苔发硬不易去除；时间太短，舌苔又无法剥离），待表面发白时立即取出，用刀刮去舌头表层，去除白苔。

　　3）修正吞根后面的残肉，去除淋巴，用清水冲洗干净，漂尽异味。

6. 猪脑

　　（1）加工步骤

　　挑去血筋──→漂洗干净。

　　（2）加工方法

　　1）用牙签挑去猪脑上的血筋、血衣。

　　2）盆内放清水，左手托住猪脑，右手轻轻地泼水漂洗，按此方法重复3~4次，直到水清、猪脑无异物脱落即可取出。

学习单元 3　无鳞鱼类原料清洗整理

无鳞鱼类的体表有发达的黏液腺,分泌的黏液有较重的腥味,且非常黏滑。因此无鳞鱼类的清洗加工主要是去除黏液。加工时一定要将黏液去除干净,否则会影响菜品的口味和口感。

一、无鳞鱼类原料初加工技术要求

无鳞鱼类去除黏液采用何种方法应根据烹调要求和无鳞鱼类的品种而确定。其加工的技术要求主要有以下几个方面：

1. 除尽污秽杂物

无鳞鱼类体表一般有较重的污秽、黏液等,在加工中应尽量除去。其内脏、鱼鳃等杂物也必须去除干净,以保证菜肴的质量不受影响。

2. 按用途或区别品种加工

无鳞鱼类一般从腹部取出内脏;也有从背脊开口取出内脏的;有的在鱼的喉咙和肛门处分别横划一刀,从喉咙处取出内脏。取出内脏的具体方法要根据使用用途的不同而选择。

3. 勿弄破苦胆

鱼在剖腹时,要注意刀路和深度,切勿弄破苦胆。胆汁会使鱼肉的味道变苦,影响菜肴的质量,甚至无法食用。

4. 合理使用原料

对于体型比较大的无鳞鱼类,初步加工应注意分部位取料,合理使用,防止浪费。如体型大的鳗鱼,头可以用于煲,内脏可以焖,鱼身则可以加工成块、片、条以及制茸等。如剔鱼时，鱼骨要尽量不带肉；下脚料要充分利用，如鱼骨可用于熬汤等。

二、无鳞鱼类原料初加工步骤

由于无鳞鱼类的品种不同，其形状、性质也各异，根据菜肴的制作要求，加工的步骤也略有不同。但一般来说，无鳞鱼类的加工步骤大致如下：

1. 洗涤

将鱼放入清水中洗净，除尽污秽杂质。

2. 宰杀

将鱼摔晕，在头后颈部切一缺口放出血液。

3. 去黏液

无鳞鱼类一般都有黏液，一般可以将宰杀好的鱼放进80℃左右的热水中短时间浸泡，使黏液凝固，然后再搓洗去除黏液。

4. 剖腹

剖腹通常有两种方法：一是从鱼的肛门与腹鳍之间，沿肚腹开一直刀破肚，取出内脏，并将附着在腹内的黑膜去除；二是在鱼的喉咙处与肛门正中各开一横刀，割断鱼肠，再用两根竹筷从鱼喉咙处交叉插入肚内卷出内脏，这种方法可以保持鱼体完整无刀口。

5. 去鳃

用刀将鱼鳃切除干净。

6. 清洗干净

将鱼的血水、污物清洗干净待用。

三、无鳞鱼类原料的加工实例

1. 黄鳝的初加工

（1）宰杀。先将活黄鳝摔昏，然后将黄鳝头钉于木砧板上，用左手紧握鳝身，右手用刀在鳝鱼颈部横割一刀，然后用小刀贴近背脊骨往下拉到尾部，剔尽脊骨和内脏，切去头、尾。

（2）清洗。用清水清洗干净，整理备用。

2. 鳝片、鳝丝的加工

根据烹调的要求一般常用的加工方法有鳝片和鳝丝两种。

（1）鳝片。先按照上述黄鳝的初加工方法将鳝鱼宰杀好，然后用5%的食盐水洗净，再按照要求改刀成片。

（2）鳝丝。将活鳝鱼放入90℃的热水锅中氽一下（不宜过久），烫至鱼口张开，立即捞起，浸在冷水中，洗净白涎，然后用竹刀（竹制刀）从鳝鱼颈部刺入，紧贴脊骨划成鳝丝，再切成段即成鳝丝。

综合实训

一、猪蹄的初加工训练

实训任务：在后厨初加工岗位上，对猪蹄、猪肚进行初加工，并在20分钟内交给砧板岗位。

操作准备：

（1）原料的准备：猪蹄1只。

（2）工具的准备：炉灶（或喷气式火枪）、小刀、不锈钢水盆、汤锅等。

操作步骤：

- 步骤1：火燎去毛。将猪蹄放在火上烤燎（或用喷气式火枪烤燎），将表皮绒毛烧掉。

- 步骤2：刮毛皮。待猪蹄上的硬毛燎去，外皮焦黄时取下，放在不锈钢水盆中，加清水浸泡。用小刀刮去猪蹄上的余毛和硬皮，用热水浸泡回软，刮去焦煳的皮层。
- 步骤3：清洗。用清水反复冲洗，除去污物。
- 步骤4：初步熟处理。将清洗干净的猪蹄投入冷水锅，边加热，边搅拌，使猪蹄受热均匀，待水烧沸，猪蹄的血污凝固，随即捞出用清水反复冲洗干净。

二、猪肚的初加工训练

实训任务：在后厨初加工岗位上，对猪肚进行初加工，并在20分钟内交给砧板岗位。

☞ **操作准备**：

（1）原料的准备：猪肚1个、食盐20 g、白醋30 g。

（2）工具的准备：炉灶、不锈钢水盆、汤锅等。

☞ **操作步骤**：

- 步骤1：洗去污物。将猪肚放入盆内，放入食盐和醋，用双手反复揉擦，使猪肚上的黏液凝结脱离，然后用水洗去猪肚上的黏液。将手伸入猪肚内，抓住猪肚的另一端，将其翻转过来，再加入食盐和醋继续揉搓，洗去黏液。
- 步骤2：翻转搓洗。将猪肚投入沸水锅内进行焯水，待猪肚的内壁光洁爽滑，捞出漂冷水后再将猪肚翻过来，投入冷水锅，边加热，边用手勺翻动，待水烧沸，即可去掉猪肚的腥膻恶臭味，捞起刮去白苔。
- 步骤3：浸泡。将猪肚浸泡在冷水中。

三、黄鳝的初加工训练

实训任务：在后厨初加工岗位上，对黄鳝进行初加工，并在20分钟内交给砧板岗位。

☞ **操作准备**：

（1）原料的准备：黄鳝3条。

（2）工具的准备：带钉特制木砧板、小刀、不锈钢水盆等。

👉 操作步骤：

- 步骤1：剐鳝鱼。将活黄鳝摔昏，黄鳝头钉于带钉特制木砧板上，用左手紧握鳝身，右手用刀在鳝鱼颈部横割一刀，用刀贴近背脊骨往下拉到尾部，剔尽脊骨和内脏，切去头、尾。
- 步骤2：清洗整理。用清水清洗干净，整理备用。

课程 1-2　加工性原料的初加工

学习内容

学习单元	课程内容	培训建议	课堂学时
（1）加工性原料的品质鉴别	1）腌制类原料的品质鉴别 2）酱制类原料的品质鉴别 3）熏制类原料的品质鉴别 4）干制类原料的品质鉴别	（1）方法：讲授法、演示法、讨论法 （2）重点：干制类原料的品质鉴别 （3）难点：加工性原料的品质鉴别	1
（2）蹄筋、肉皮等干料涨发加工	1）油发加工的概念 2）油发的技术要求 3）动物性干制原料的油发 ①蹄筋的油发 ②肉皮的油发	（1）方法：讲授法、演示法、讨论法 （2）重点与难点：动物性干制原料的油发	1

学习单元1 加工性原料的品质鉴别

加工性原料是通过不同加工工艺制作而成，呈现不同特殊风味的烹饪原料。因其能促进人的食欲，在烹饪中应用广泛。掌握加工性原料的品质鉴别方法十分重要。加工性原料按加工方法，可分为腌制类、酱制类、熏制类和干制类四大类。

一、腌制类原料的品质鉴别

腌制类原料是指以盐腌为主要加工方法的畜肉制品以及腌后经烘干或熏制的畜肉制品，其品质鉴别一般是通过观察外观样式和闻气味等方法来判定。腌制类原料主要包括火腿、腌肉、腊肉等。下面以火腿的品质鉴别为例进行说明。

1. 外观

品质较好的火腿，外观呈黄褐色或红棕色，皮面边缘呈灰色，用手指压肉时感到肉质坚实。好的火腿表面干燥，即使在梅雨季节也不会有发黏和变色等现象出现。如果表面附有一层黏滑物或在肉面有结晶盐析出，则表明火腿太咸。

2. 式样形状

品质好的火腿脚细直，腿心长，骨不露，油头小，刀工光净，状似竹叶形，较长。

3. 气味

品质好的火腿气味清香无异味。鉴别时可用竹签分别插入火腿的上部、中部、下部，拔出竹签闻其香味。如有炒芝麻的香味，是肉层开始轻度酸败的迹象；如有酸味，表明肉质已重度酸败；如有豆瓣酱味道，则表明腌制的盐分不足；如有臭味，表明火腿加工时原料已严重变质；如带有哈喇味，表明火腿已因肥膘被氧化而腐烂变质。

二、酱制类原料的品质鉴别

酱制类原料是以新鲜蔬菜为主要原料，采用不同腌渍工艺制作而成的各种蔬菜制品的总称。这一类原料有的可以直接食用，有的需要进一步加工成菜。人类经过几千年的实践，根据各自不同的口味、爱好，使用多种调味料，可以将同一种蔬菜制成多种不同味道的酱制类原料，来满足食欲上的需要。酱制类原料主要包括酱渍菜、糖醋渍菜、虾油渍菜、酱油渍菜、糟渍菜、盐渍菜六大类。其品质鉴别方法如下：

1. 酱渍菜

酱渍菜是以蔬菜为主要原料，经盐腌或盐渍成蔬菜咸坯后，再经酱渍而成的蔬菜制品。如酱菜瓜、酱黄瓜、酱莴笋、酱姜、酱金针菜、酱什锦菜、酱八宝菜、酱包瓜、酱茄子等。

品质鉴别：优良的酱渍菜不但有可口的味道，还有清脆的质地、鲜明的光泽以及特有的菜香。劣质的酱渍菜常常颜色发污，无光泽，有杂质，有不良气味。灭菌不彻底的酱渍菜在短期内会开始变质，蔬菜组织变软。

2. 糖醋渍菜

糖醋渍菜是在传统的糖渍菜和醋渍菜基础上发展起来的蔬菜制品，甜中带酸，甜而不腻，酸甜适口。主要品种有糖醋蒜、甜酸乳瓜、糖醋萝卜、糖醋莴苣等。

品质鉴别：品质好的糖醋渍菜呈现鲜明光泽，体态整齐、规格大小一致、厚薄均匀，无浑浊、无杂质，质脆嫩，香气正常；劣质的糖醋渍菜色泽暗淡，体态零碎、浑浊有杂质，质软烂，有异味。

3. 虾油渍菜

虾油渍菜是以蔬菜为主要原料，先经盐渍，再用虾油浸渍而成的蔬菜制品。如锦州的虾油什锦小菜、北京的虾油黄瓜、沈阳的虾油青椒等。

品质鉴别：品质好的虾油渍菜具有虾油的香味和蔬菜的香味，滋味鲜咸，体态美观；劣质的虾油渍菜反之。

4. 糟渍菜

糟渍菜是以新鲜蔬菜为原料，经盐渍成蔬菜咸坯后，再经酒糟或醪糟糟渍而成的蔬菜制品。如南京的糟茄、扬州的糟瓜、贵州的独山盐酸菜等。

品质鉴别：品质好的糟渍菜具有糟香味，体态整齐、规格大小一致、厚薄均匀，质脆嫩，香气正常；劣质的糟渍菜色泽暗淡，体态零碎，质软烂，有异味。

5. 酱油渍菜

酱油渍菜类产品是目前我国生产量较大的一类酱腌菜，以新鲜蔬菜为原料，经盐腌或盐渍成蔬菜咸坯后储存备用。精加工时，先降低含盐量和含水量，再用酱油和其他香辛调味料共同腌制而成，如北京辣菜、榨菜萝卜、面条萝卜等。

品质鉴别：品质好的酱油渍菜呈红褐色、有光泽，具有酱油香气，体态整齐、规格大小一致、厚薄均匀，无浑浊、无杂质，质地脆嫩。劣质的酱油渍菜体态零碎，浑浊、有杂质，无酱油香气且质地软烂。

6. 盐渍菜

盐渍菜是以蔬菜为原料，用食盐腌渍而成的湿态、半干态、干态蔬菜制品。湿态盐渍菜是蔬菜制品浸在菜卤中，如泡菜、酸黄瓜等；半干态盐渍菜是成品与菜卤分开，如榨菜、大头菜、萝卜干等；蔬菜经盐渍先脱去一部分水分，再经反复晾晒使含水量降至15%左右的蔬菜制品为干态盐渍菜，如干菜笋、咸香椿芽等。

品质鉴别：优质的湿态盐渍菜成品清洁卫生，香气浓郁，组织细嫩，质地清脆，咸酸适度，稍有甜味和鲜味；劣质的湿态盐渍菜色泽变暗，组织软化，缺乏香气，过咸、过酸或咸而不酸且带苦味。

优质的半干态盐渍菜质地脆嫩爽口、风味鲜美，具有特殊酸味和咸鲜味；劣质的半干态盐渍菜色泽变暗，组织软化，缺乏香气。

优质的干态盐渍菜形态完整、干燥，色泽油亮，香气浓郁，质嫩味鲜；劣质的干态盐渍菜形态零碎，潮湿而色泽暗淡，无特有的香气。

三、熏制类原料的品质鉴别

熏制类原料是指以烟熏为主要加工工艺，即利用木屑、茶叶、香料等材料的不完全燃烧而产生的烟将禽、畜、水产品等原料进行熏制而成的肉制品。熏制类原料主要包括熏肉、熏鸭、熏鱼等。熏制类原料的品质鉴别方法如下：

1. 熏肉

熏肉是用食盐、糖、香辛料等对畜类原料进行加工，熏制而成的产品。

品质鉴别：优质的熏肉，表面干爽，有弹性，指压无明显凹痕。脂肪呈金黄色。煮熟的熏肉切成片，色泽鲜亮、黄里透红、味道醇香、肥不腻口、瘦不塞牙，还有一种黏糯的特殊口感，食之唇齿留香、回味无穷。劣质的熏肉弹性差，有发霉痕迹，色泽暗淡，无制品固有的风味。

2. 熏鸭

禽类原料熏制品主要是熏鸭，其他品种与熏鸭相似，品质鉴别方法相同。熏鸭是用食盐、糖、香辛料等对鸭进行加工，熏制而成的产品。

品质鉴别：优质的熏鸭表面干燥，色泽褐红油亮，具有烟熏香味；劣质的熏鸭表面潮湿，色泽暗淡，烟熏香味不突出。

3. 熏鱼

熏鱼是用食盐、糖、酱油、酒、香辛料等对鱼类进行加工，熏制而成的产品。

品质鉴别：优质的熏鱼表面干燥，呈黑褐色，具有烟熏香味；劣质的熏鱼表面潮湿，有黏性，烟熏香味不突出。

四、干制类原料的品质鉴别

干制类原料简称干料，是新鲜的动物、植物性原料经过干制而成的，其中大多数为稀少昂贵的珍品。原料经干制后，便于储存、运输，不受季节、产地的限制，延长了使用时间，扩大了供应范围。

干料在脱水加工过程中，以及在保管、储存、运输过程中，容易受到外界因素的影响，品质可能发生变化。因此，干料的品质鉴别要注意分辨：是否干爽，无霉烂；是否整齐、均匀、完整；有无鼠咬虫蛀、杂质污染等情况，色泽是否正常。以上三个方面是鉴别干制类原料品质的基本标准。以下以鱿鱼干等几种干料为例，说明干制类原料的品质鉴别要点。

1. 鱿鱼干

鱿鱼干肉质柔韧，鲜香味美，营养丰富。优质的鱿鱼干身干肉厚、体形均匀、片大，气味清香，呈紫粉色或粉红色，肉体平整清洁，带白霜、无虫蛀、无绿霉和黑斑。鱿鱼干按照个头大小分为一级品、二级品、三级品三个等级。例如，福建产品：一级品长度为20 cm以上；二级品长度为14~19 cm；三级品长度为8~13 cm。广东产品：形如刀状，白色板平，身干体薄。最大者尺鱿长度为25 cm以上；大鱿长度为20~24 cm；中鱿长度为18~20 cm；小鱿长度为7~9 cm；最小者仔鱿长度为4~6 cm。

2. 虾米

优质的虾米身干、盐轻，色泽红黄、光润，均匀整齐，味鲜柔嫩，无灰壳、节渣，无爪甲黑头。海产虾米比其他虾米味鲜。

3. 干贝

干贝以个大、颗圆，身干、盐轻，色淡黄、微有光泽，贝体完整、颗粒均匀而无碎瓣，不带白霜，有特殊香味者为上品；色老黄而粒小，稍有松碎残缺者为次品，色泽深暗呈黄黑色者更次。如已变质则不能食用。目前食用的干贝，一般是山东胶东半岛、广东汕头、广西北海的产品。山东胶东半岛产的干贝个头小如小指头，干湿不匀，破瓣较多。广东汕头产的干贝上连有带子，加工后呈圆形，名叫"带子"。广西北海产的干贝个头如大拇指，亦名"带子"，分生晒和熟制两种。生晒的质软、色淡白，易回潮变质发霉；熟制的色金黄、质好。

4. 干海蜇

干海蜇包括蜇头和蜇皮两部分。

蜇头分一级品、二级品、三级品：凡内杆完整、色淡红、有光泽、松脆、无泥沙、无血衣、无碎片及杂物者为一级品；内杆完整、色较红、无泥沙、无碎杆及杂物者为二级品；色红有碎杆、无泥沙者为三级品。

蜇皮按张片大小和残缺程度分一级品、二级品、三级品：直径在30 cm以上、色淡红有光泽、肉质带韧性、松脆、无泥沙、无血衣和碎片者为一级品；色淡黄有光泽、无泥沙、稍有碎片、附着少量血衣者为二级品；色淡黄、有光泽、无泥沙、血衣附着较多，有破碎现象者为三级品。

5. 干海带

干海带分为淡干、咸干两种。淡干指海带收割后直接晒干者；咸干为收割后先以盐渍而后晾干者。淡干的海带质量较好，因为其营养成分损失较少，并易于储存保管；咸干的海带质量稍差，不便于长期储存。淡干品应含水不超过22%，含泥沙、杂质不超过2%；咸干品应含水不超过32%，用盐量不超过25%，含盐霜，泥沙、杂质不超过4%。无论淡干或咸干，均以身干体厚、叶体长而宽、色褐绿、有光泽、无枯黄边，无泥沙、杂质者为佳。

6. 干蹄筋

干蹄筋以身干、坚韧、条长、粗大、色金黄、有光泽者为佳。

7. 干肉皮

干肉皮以外表洁净无毛，色泽黄亮，无残余肥膘，皮质坚厚紧实，毛孔细小，张大皮整，干燥、无哈喇味者为佳，尤以猪背皮或臀皮为最佳。

8. 干黄花

干黄花以体干、色白黄（或金黄）、有光泽、香味浓郁，根条长而伸展，肥壮、均匀，花苞未开，无烟味者为佳。有煳黑色及烟熏味者较差。

9. 玉兰片

玉兰片是用鲜嫩的冬笋或春笋，经加工而成的干制品，由于形状和色泽很像玉兰花的花瓣，故称"玉兰片"。以色泽呈淡黄色，皮肉细嫩，体小肉厚（同一时期所产形体小者为佳），身干质硬而结实，洁净，无泥沙、杂质，形状大小均匀者为佳；肉薄、节疏、纤维多而粗老者为次；发霉而柔软，或颜色暗淡、纹路不清晰，或板结成块，均为劣品，发水即烂。

10. 干木耳

干木耳以朵面乌黑光润，朵背略呈灰白色，朵大均匀，肉厚、质嫩、体干、蒂净，无杂质、泥沙者为佳。体薄细碎、朵不开展者品质低劣。

11. 干银耳

干银耳有生货、熟货之分，无论生货、熟货，其质量区别不大，均以色黄白、鲜洁发亮，朵大肉厚，气味清香，耳根小，涨发率高，胶质重，无斑点杂色，无碎渣、无潮湿者为佳。

12. 干香菇

干香菇一般以体圆、齐整，质干而不碎者为佳。因其种类较多，各种质量又有差别。形状如伞，菇伞顶面上有似菊花一样的白色裂纹，色泽褐黄光润，朵小质嫩，肉厚、柄短、身干，有芳香气味者为上品，此种称为花菇；形状如伞，顶面无花纹，肉厚、朵稍大，栗色、略有光泽者称为厚菇；肉薄味淡，朵大、顶平，色黄或浅褐者为薄菇、平菇，质量次之。

13. 竹荪

竹荪以茎长 10～15 cm，身干、色白、稍长、肉厚、松泡、网整不破，茎内无泥沙、杂质者为佳；茎长 16～20 cm，网花大而不整，色暗黄，枝朵细或有轻微花黑、牙黄色者次之；稍短、肉薄、味苦者更次。

学习单元 2　蹄筋、肉皮等干料涨发加工

干货原料蹄筋、肉皮具有干、硬、韧等特点，一般不能直接烹调或食用，在烹调之前需先进行涨发，尽可能使其恢复到原有的鲜嫩、松软状态。根据蹄筋、肉皮品质特点，涨发方法宜采用油发。

一、油发加工的概念

油发是将干货原料放在油锅中加热，利用油的传热作用，使干料中所含的少量水分蒸发而变得膨胀、松脆。油发一般适用于富含胶质、结缔组织的干料，如鱼肚、蹄筋、肉皮等干货原料。油发前，先要检查原料是否干燥，如已受潮，应先烘干，否则不易发透。油发时，一般宜将干料放入冷油锅或温油锅中慢慢加热。火力不宜过旺，否则会使干料外焦而内不透。特别是在干料开始涨发时，应减小火力，或将锅端离火眼片刻，使其里外发透。油发后因原料很干脆，必须放在温水中浸泡，去除油分，再用热水浸泡，使其回软，最后用清水漂洗。

二、油发的技术要求

1. 温油浸泡

把干货原料放入温油锅（80℃左右）中浸泡，直至体积缩小，质地变软，并慢慢浮到油面上，呈半透明状，表面均匀布满小气泡。

2. 热油冲发

将油温逐渐提高至150℃左右，原料逐渐由软变硬，开始发生膨化，随着油温的继续升高（不超过200℃，可加少许凉水"点水助发"）和时间的延长，膨化越来越明显，直到原料组织从外到里全部膨松，达到稳定状态，即发透。在操作中，有时需要将原料从油锅中捞起，待油温升高后再放入加热。

3. 清水浸泡

将发好的原料捞出，放入清水中浸泡，直至回软。再放入1%的纯碱溶液中轻轻按揉，洗去油污，再反复用清水揉洗数次，去掉碱味，最后用清水浸泡。

三、动物性干制原料的油发

1. 蹄筋的油发

将锅放在旺火上，加入食用油，油温达到100℃左右时放入干蹄筋，用漏勺连续翻动原料，至蹄筋收缩。保持油温120℃，慢慢浸泡，至蹄筋浸透、浮于油面，表面均匀布满小气泡，并开始回涨时捞出。油温升至160℃时，将蹄筋再次下锅，并用勺上下翻动，炸至蹄筋涨大，达到稳定状态（手能掰断，断面呈小蜂窝状）时，捞入盆中，加入食用碱与热水兑制的溶液，浸泡至回软捞出。用温水揉洗干净，去杂质，反复淘洗至碱味除净，手压有弹性，即为发好。

2. 肉皮的油发

先用热水将肉皮洗净，捞起收干，改刀成小块，然后放入冷油（植物油）锅内，火不宜过旺，将油逐渐加热，用漏勺不停地翻动。炸至肉皮卷缩，泛出一粒一粒小泡时捞出。锅内油温升至 160～180℃时再放入肉皮炸至松泡时捞出，放入冷水中浸泡。再用开水氽去油腻后，盛入盆内用清水浸泡待用。

■■ 综合实训

肉皮的涨发训练

实训任务：在后厨初加工岗位上，对肉皮进行涨发加工，并在 40 分钟内交给砧板岗位。

☞ **操作准备：**

（1）原料的准备：干肉皮 500 g、食用油 2 500 g。

（2）工具的准备：炉灶、切刀、漏勺、不锈钢水盆等。

☞ **操作步骤：**

- 步骤 1：改刀。将干肉皮洗净后改刀切成小块。
- 步骤 2：低温油焐。将肉皮放入冷油锅内，将油逐渐加热，用漏勺不停地翻动。炸至肉皮卷缩，泛出小泡时捞出。
- 步骤 3：高温炸制。待锅内油温升至 160～180℃时再放入肉皮炸至松泡时捞出，放入冷水中浸泡。
- 步骤 4：清水浸泡。将肉皮捞出后再用开水氽去油腻，盛入盆内，用清水浸泡待用。

模块 2 原料分档与切割

- 课程 2-1　原料分割
- 课程 2-2　原料切割成形
- 课程 2-3　菜肴组配

课程设置

课程	学习单元	课堂学时
2-1 原料分割	（1）家畜类原料的分割、取料	1
	（2）无鳞鱼类原料的分割、取料	1
2-2 原料切割成形	（1）剞刀工艺	2
	（2）食品雕刻工艺	4
2-3 菜肴组配	（1）多种原料菜肴组配	1
	（2）基础花式菜肴组配	1

课程 2-1　原料分割

学习内容

学习单元	课程内容	培训建议	课堂学时
（1）家畜类原料的分割、取料	1）家畜原料分割取料的要求 2）家畜原料分割取料的各部位名称及品质特点 3）家畜原料分割取料的方法	（1）方法：讲授法 （2）重点：家畜原料分割取料的各部位名称及品质特点 （3）难点：家畜原料分割取料的方法	1
（2）无鳞鱼类原料的分割、取料	1）鳝鱼的分割、取料 2）鲶鱼的分割、取料 3）鳗鱼的分割、取料	（1）方法：讲授法 （2）重点与难点：鳝鱼的分割、取料	1

学习单元 1 家畜类原料的分割、取料

饮食行业中家畜类原料以猪、牛、羊最为常见，其各部位的肌肉组织各不相同，本学习单元以猪为例介绍其各部位的特点及烹饪用途。

一、家畜原料分割取料的要求

家畜原料相对来说体积较大、骨骼粗壮，原料分割有以下几方面要求：

（1）熟悉家畜原料的生理组织结构，做到下刀准确、运刀灵活，按肌肉间结缔组织形成的筋络腱膜取肉，保证不同部位原料的完整性。

（2）出骨取肉时，刀刃要紧贴骨骼，徐徐而进，以保证操作准确安全，骨肉分离合理，避免原料的损失浪费。

（3）按照原料的不同部位和质量等级进行分割与归类，必须符合所制菜肴质量要求。

二、家畜原料分割取料的各部位名称及品质特点

以下以猪为例来介绍家畜原料分割取料的各部位名称和品质特点。猪按其骨骼构造和肌体组织的不同，可以分解成15个档位（见图2-1-1）。

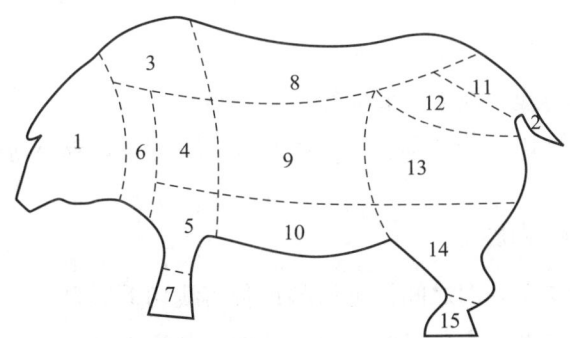

图 2-1-1 猪的分档取料

1-头 2-尾 3-上脑 4-夹心肉 5-前蹄髈 6-颈肉 7-前脚爪 8-脊背 9-五花肋条
10-奶脯 11-臀尖 12-坐臀 13-外裆 14-后蹄髈 15-后脚爪

1. 头

    位置：从宰杀刀口至颈椎顶端割下，所得到的靠前的部位，包括上下牙颌、耳朵、上下嘴尖、眼眶、核桃肉等。

    品质特点：皮厚、质地老，富含胶原蛋白。

    烹调用途：适宜凉拌、卤、腌、熏、烧、酱、腊等，如酱猪头肉、红扒猪头等。

2. 尾

    位置：从尾根处割下，靠后的部位。

    品质特点：骨节多、瘦肉少，胶原蛋白丰富。

    烹调用途：适宜清炖、煮、酱、烧、卤、凉拌等，如酱猪尾等。

3. 上脑（又称第二刀前槽）

    位置：位于背部靠近颈处，扇面骨上面。

    品质特点：肉皮薄，微带脆性，瘦中夹肥，肉质较嫩。

    烹调用途：适宜卤、炸、熘、焖、蒸、烧和做汤，如咕咾肉、叉烧肉等。

4. 夹心肉

    位置：位于上脑下方和前蹄髈中间。

    品质特点：肉质较老，筋膜多，肥瘦相间，吸水性强。

    烹调用途：适宜做馅心、制茸等，如红烧肉丸等。

5. 前蹄髈（又称前肘）

    位置：位于前肢下半部。

    品质特点：皮厚，瘦肉较多，胶质重。

    烹调用途：适宜红烧、清炖等，如冰糖蹄髈、五加皮烧蹄髈等。

6. 颈肉（又称槽头肉、血脖）

    位置：在猪头肉与夹心肉之间，可沿脑顶骨直线切下取得。

    品质特点：多具污血，肉色发红，肉老质次，肥瘦不分。

    烹调用途：可用于制作包子馅、饺子馅或红烧、粉蒸等。

7. 前脚爪（又称前蹄、猪手）

位置：在爪部的骱骨处割下取得。

品质特点：质量比后蹄好。此处只有皮、筋、骨骼，胶质重。

烹调用途：适宜烧、炖、卤、煨等，如酱猪手等。

8. 脊背（包括里脊、外脊、大排骨）

（1）里脊

位置：位于腰椎、尾椎之间，在脊骨的两侧。

品质特点：是猪身上最好的一块肉，质地细嫩，呈长条形，背部有板筋。

烹调用途：适用于爆、熘、炸、炒等，如糖醋里脊等。

（2）外脊（又称通脊、硬脊、扁担肉）

位置：位于猪的背部和前后腿中间。

品质特点：质地细嫩，肉质结构较松散，颜色较深。

烹调用途：用于炸、爆、炒等，如香干肉丝、滑熘里脊丝等。

（3）大排骨

位置：连通脊肌取下，称作"大排"。

品质特点：筋少肉嫩。

烹调用途：用于炸、煎、烤等，如软炸猪排、宫保肉丁等。

9. 五花肋条

位置：位于肋骨上，通脊的下方，奶脯上方。这个部位因肉质结构为一层肥、一层瘦，共有五层，故得名。

品质特点：其肉质较嫩，肥瘦相间，皮薄。

烹调用途：适宜红烧、粉蒸等，如红烧肉、东坡肉、香芋扣肉煲等。

10. 奶脯（又称下五花肉、拖泥肉等）

位置：位于软五花肉下方，猪腹部位置。

品质特点：肉质差，多为泡泡肉，肥多瘦少。

烹调用途：一般适宜烧、炖等，如炸酥肉等。

11. 臀尖（又称尾尖）

　　位置：位于臀的上部。

　　品质特点：以瘦肉为主，肉质细嫩，可以代替里脊肉。

　　烹调用途：适用于爆、熘、炸、炒等，如软炸肉、滑炒肉片等。

12. 坐臀（又称后腿肉）

　　位置：后臀上方紧贴肉皮的一块长方形肉。

　　品质特点：肉质较老，肥瘦连接较紧密，肌肉纤维较长。

　　烹调用途：一般用于煮、酱、炒等，如回锅肉、蒜泥白肉等。

13. 外裆

　　位置：后腿里面贴近腿骨的瘦肉。

　　品质特点：肉质较嫩，可代替里脊肉。

　　烹调用途：多用于炒、炸、爆等，如炒肉丝、糖醋肉等。

14. 后蹄膀（又称后肘）

　　位置：位于后腿膝盖上部和坐臀、外裆的下方，在骱骨处割下取得。

　　品质特点：肉质坚实，瘦肉多，富含胶原蛋白，质量较前蹄膀差。

　　烹调用途：与前蹄膀相同，如冰糖蹄膀、五加皮烧蹄膀等。

15. 后脚爪（又称后蹄）

　　位置：从膝股骨处割下取得。

　　品质特点：质量较前脚爪差。

　　烹调用途：其用途与前脚爪相同，如酱猪手等。

三、家畜原料分割取料的方法

　　对家畜的分割取料以猪最为典型，方法及步骤如下：

1. 猪肉分档

在烹饪行业中，通常将猪的 1/2 身体分为 3 部分 15 个档位，这是一种商品学的方法，和生物学的方法并不一样。

前肢档位：包括头、颈、夹心（肩胛）、上脑、前蹄髈与前脚爪。由第七胸肋、椎处分离。

身肢档位：包括脊背、肋条、奶脯。从第五腰椎分离。

后肢档位：包括臀尖、坐臀、外裆、后蹄髈、后脚爪和尾。

2. 猪肉出骨

猪肉出骨即剔骨，要求剔除全部硬骨和软骨。剔骨应尽量保持肉的完整性，下刀要准确，避免产生碎肉和骨渣，应沿着骨缝进刀，降低骨上的带肉量。方法分述如下：

（1）前肢出骨。从腕骨关节卸下前爪，切下颈椎骨，取下血脖。从胸骨下端进刀，取下前胸肋和胸椎。斜刀从肩胛上缘割下上脑，割开附着肩胛骨上的腱膜，从两侧进刀，剔下肩胛骨。将前蹄平放，从肱骨骺处顺下方将其剖开，使肱骨、尺骨与桡骨裸露，呈扇面状。从腕骨与尺、桡骨关节处进刀，取下肱骨，再剔下尺、桡二骨（也可采用抽骨的方法）。

（2）身肢出骨。在胸肋第八根下端进刀，取下胸肋与脊骨，再从通脊肥膘上剥下通脊肌（又叫扁担肉）。将肋条与奶脯切割分离，再将软肋和硬肋分割开。脊肌也可连在椎骨上取下，即为"大排"。

（3）后肢出骨。从跗骨关节切下后爪、斜刀从髋骨与荐椎的连接处取下荐椎，刮净髋骨表层腱膜，从髋骨和股骨的关节处取下髋骨。顺股骨剖开，将股骨裸露，完整剥下股二头肌、臀中肌，剔下股骨及膝盖骨，剥下底层肌肉，将余下的肉切成大方块。后蹄从腓骨一侧剖开，剔出胫骨，或割断上下端腱膜连接，抽出腓骨、胫骨。

3. 猪肉整理

猪肉分档、出骨、取料后，需做进一步整理，包括对所选部位去皮、肌外膜、淤血、伤肉、黑色素肉、粗血管、淋巴结、疏松组织结膜、碎骨和表面污物等。整理后即可按制品的要求进一步分解，切割成块、条、片、丝等更小形状。

学习单元2　无鳞鱼类原料的分割、取料

中国烹饪选料广泛，无鳞鱼类也是主要的烹饪原料之一，本单元重点介绍三种具有代表性的无鳞鱼类的分割、取料方法。

一、鳝鱼的分割、取料

1. 熟烫

（1）水锅置中火上加热烧沸，加入适量的食盐、醋、料酒、姜片，停止加热，待水温降至90℃时，将活鳝鱼放入，迅速盖上锅盖。

（2）待鳝鱼嘴张开时，捞出鳝鱼放入冷水中洗净。

2. 取料

（1）将鳝鱼放置在砧板上，腹部向内，用刀尖从鳝鱼颈部下刀，从头部至尾部划开，将鱼腹与背部分割开。

（2）刀尖从鳝鱼的头部下刀，刀头紧贴脊骨从头部划至尾部，将一面的鱼肉与鱼骨分割，用同样的手法将另一面的鱼肉与鱼骨进行分割。

3. 整理

鳝鱼洗净，分割出鳝鱼肉、鳝鱼骨、鳝鱼头尾。

二、鲶鱼的分割、取料

1. 熟烫

将初加工后的鲶鱼放入60℃热水中烫泡除去表面黏液，擦干鲶鱼表面的水分，鱼腹向内放置于砧板上。

2. 分割

（1）左手掐住鱼头，右手持刀在鱼尾部直刀切至鱼骨，刀口置于与鱼骨水平状，从尾部平刀片至鱼头与鱼身结合处。

（2）直刀将一面鱼肉与鱼骨分割。同法，将鲶鱼另一面的鱼肉与鱼骨进行分割。

（3）用斜刀法将鱼肚档与鱼肉进行分割。

3. 整理

鲶鱼洗净，分割出鱼头、鱼脊椎骨、鱼肚档、鱼尾、鱼肉。

三、鳗鱼的分割、取料

1. 熟烫

将初加工后的鳗鱼放入70℃热水中烫泡，待黏液凝固，用软布擦洗干净。

2. 分割

（1）将鱼头向下放置在砧板上，用钉子固定住鳗鱼的尾部，手抓紧鳗鱼的头部，用剪刀剪断颈部的脊椎骨。

（2）片刀的刀尖呈45°角沿着脊椎骨从头部划至尾部，将一面的鱼肉与鱼骨分离，用同样的方法将另一面的鱼肉进行分割处理。

（3）片刀从鳗鱼头部与腹部连接处下刀，运用正斜片法片入肉骨结合处，运用平刀推拉片法从头部至尾部将鱼脊椎骨剔出。

3. 整理

将分割出的净鱼肉、鱼骨等分别洗净。

■ 综合实训

猪五花肋条剔骨加工训练

实训任务：通过对猪五花肋条的剔骨加工，掌握家畜类原料剔骨取料的方法与技巧。

👉 操作准备：

（1）原料的准备：猪后腿1只。
（2）工具的准备：砧板、前切后砍刀、剔刀等。

👉 操作步骤：

• 步骤1：划开皮肉。将原料放置在砧板上，剔刀刀尖沿中间的骨骼将皮肉划开，露出肋骨。
• 步骤2：骨肉分离。将附在肋骨上及周围的骨膜、肌肉用剔刀后部进行剔刮处理，使肋骨与肌肉完全分离。
• 步骤3：取出肋骨。左手按住原料，右手持前切后砍刀用刀背敲击肋骨与肌肉连接处，剔出肋骨。

课程 2-2　原料切割成形

学习内容

学习单元	课程内容	培训建议	课堂学时
（1）剞刀工艺	1）剞刀法概述 2）剞刀法的操作关键 3）剞刀法实例 ①植物性原料 ②动物性原料	（1）方法：讲授法、演示法、实训法 （2）重点：各种剞刀法的成形规格标准 （3）难点：各种剞刀法的操作关键	2

续表

学习单元	课程内容	培训建议	课堂学时
（2）食品雕刻工艺	1）食品雕刻概述 2）食品雕刻的操作关键 3）食品雕刻实例 ①月季花 ②菊花 ③白莲花	（1）方法：讲授法、演示法、实训法 （2）重点：各种常见花形的成形规格标准 （3）难点：雕刻各种基础花形的操作关键	4

■ 学习单元1　剞刀工艺

中式烹调中的剞刀工艺在本质上不同于食品雕刻，其目的主要是缩短烹饪原料的成熟时间，优化菜肴的质感，美化菜肴的形体，具有较强的技术性和艺术性。

一、剞刀法概述

1. 剞刀法的概念

剞刀法是指在经过初加工的坯料上，或切或片，剞成深而不断、横竖交叉且有规律的各种刀纹的技法。它是直刀法、平刀法和斜刀法的综合运用，技术性强，艺术性高，操作精细，是烹饪刀工中的一种特殊刀法。经过剞刀法加工的原料，加热后会蜷缩成各种美观的形状，故又称为"花刀""混合刀法""划刀法""锲刀法"。剞刀的目的是使原料在烹调时更易入味，在旺火短时间内迅速成熟，保持原料脆嫩质感，并产生美化的效果。

2. 剞刀法的种类

根据运刀方向和角度不同，剞刀法可分为：直刀剞、直刀推剞、斜刀推剞和斜刀拉剞。以上各种剞法与直切、推切、斜刀片、反刀斜片相似，不同的是剞刀法一般不把原料切断或片断。

（1）直刀剞。直刀剞与直刀切相似，只是刀在运行时不将原料完全断开。根据原料成形的规格，刀进到一定深度时停刀，在原料上剞上直线刀纹，也可结合其他刀法加工成各种形状。

（2）直刀推剞。直刀推剞与推刀切相似，只是刀在运行时不将原料完全断开。根据原料成形的规格，刀进到一定深度时停刀，在原料上剞上直线刀纹，也可结合其他刀法加工成各种形状。

（3）斜刀推剞。斜刀推剞与斜刀推片相似，只是刀在运行时不将原料完全断开。根据原料成形的规格，刀进到一定深度时停刀，在原料上剞上斜线刀纹，也可结合其他刀法加工成各种形状。

（4）斜刀拉剞。斜刀拉剞与斜刀拉片相似，只是刀在运行时不将原料完全断开。根据原料成形的规格，刀进到一定深度时停刀，在原料上剞上斜线刀纹，也可结合其他刀法加工成各种形状。

二、剞刀法的操作关键

1. 深度与刀距一致

剞刀的深度与刀距皆应一致，否则原料在受热时将出现收缩不均、翻卷不一致的现象，造成原料受热不均匀，影响原料形体的美观。

2. 刀法选择恰当

较薄原料宜采用斜剞的刀法，以增加条纹坡度；较厚原料宜采用直剞的刀法，表现条纹的挺拔。禁止盲目剞刀，因形伤质。

3. 刀形符合原料受热特性

所剞刀形应符合原料的受热特性，依据原料和菜肴特点灵活运用。具体操作关键如下：

（1）炖、焖、扒、烧等所用原料的形状应稍大。

（2）爆、炒、熘、炸等所用原料的形状大小居中。

（3）氽、涮、蒸、烩等所用原料的形状应较小。

4. 剞刀方向正确

剞刀的方向要正确，注意区分所剞原料的正面与反面。剞花应以简单的形式达到较好的效果，并与具体菜肴相贴切。

三、剞刀法实例

1. 植物性原料

（1）蓑衣形花刀（见图 2-2-1）。蓑衣形花刀的刀纹是运用直刀剞的刀法制成的。

1）原料。常选用长条形植物性原料，如黄瓜、茄子等。

2）加工方法。将黄瓜洗净放在砧板上，刀刃与黄瓜中轴线呈 45° 角直刀剞出一排刀纹，深度为原料厚度的 3/4，刀距为 0.2 cm，将黄瓜在砧板上转 180°，用同样的方法再剞一排刀纹，两次刀纹相互垂直。加工好的原料提起两头成蓑衣状。

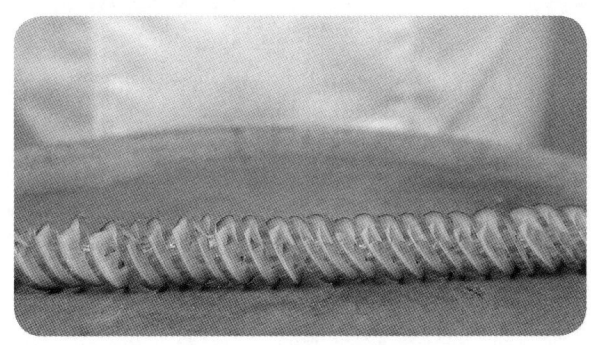

图 2-2-1　蓑衣形花刀成品

（2）菊花形花刀（见图 2-2-2）。菊花形花刀的刀纹是运用直刀剞的刀法制成的。

1）原料。常选用细嫩的植物性原料，如内酯豆腐、日本豆腐等。

2）加工方法。先将豆腐切成 5 cm 见方的正方形块，用直刀剞出一排刀纹，刀深度为原料厚度的 4/5，刀距 0.1 cm。将原料转 90°，再用直刀剞成丝，规格与前面相同。加工好的原料放入水中浸泡。

图 2-2-2 菊花形花刀成品

（3）玉翅形花刀（见图 2-2-3）。玉翅形花刀的刀纹是运用平刀片和直刀剞的刀法制成的。

1）原料。常选用质脆的植物性原料，如冬笋、莴笋等。

2）加工方法。先将原料加工成长 5 cm、宽 4 cm、高 3 cm 的长方块，用平刀片进原料长度的 4/5，刀距 0.2 cm，再直刀剞成连刀丝，深度和刀距同前面所述。

图 2-2-3 玉翅形花刀成品

（4）螺旋形花刀（见图 2-2-4）。螺旋形花刀的刀纹是采用小尖刀旋制而成的。

1）原料。常选用圆柱形的质脆的植物性原料，如黄瓜、莴笋、胡萝卜等。

2）加工方法。选取原料中段的部位，用小刀斜放在原料上，进刀深约 1 cm，逆时针转动原料，使刀从左向右移动。再用刀尖插进原料一端，顺时针旋进，将原料芯柱旋开。最后用手拉开，即成螺旋形。注意小刀要窄而尖，原料转动要慢，旋时要用力均匀，不宜过细。长度可长可短，应根据需要灵活掌握。

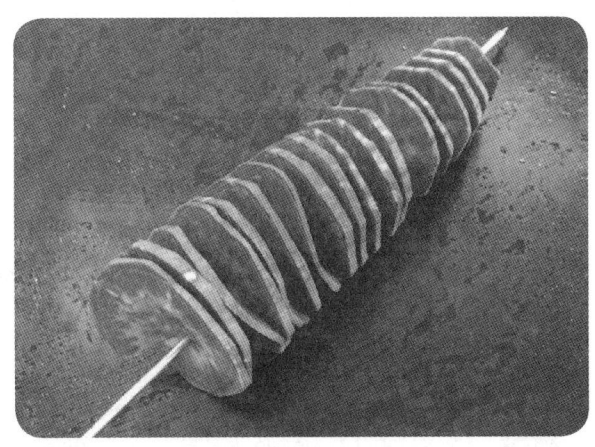

图 2-2-4 螺旋形花刀成品

2. 动物性原料

（1）荔枝形花刀（见图 2-2-5）。荔枝形花刀的刀纹是运用直刀推剞的刀法制成的。

1）原料。常选用质嫩的动物性原料，如猪腰、目鱼、鱿鱼、鸭心等。

2）加工方法。先用直刀推剞，进刀深度是原料厚度的 3/4，刀距为 0.3 cm，再旋转 90°，用直刀推剞，进刀深度与刀距同前面所述，改刀切成边长为 3 cm 的等边三角形。经加热后即卷曲成荔枝形状。

图 2-2-5 荔枝形花刀成品

（2）菊花形花刀（见图 2-2-6）。菊花形花刀的刀纹是运用斜刀推剞与直刀拉剞相组合的刀法制成的。

1）原料。常选用整块净鱼肉原料，如草鱼肉、包头鱼肉、青鱼肉、鳜鱼肉等；也可选用鸡肫等。

2）加工方法。用斜刀推剞一排刀纹，深度为原料厚度的4/5，刀距0.2 cm，将原料旋转90°，用直刀拉剞，进刀深度与刀距同前面所述，再将原料改刀切成4 cm大小的正方形块，经加热后即卷曲成菊花形状。

图2-2-6　菊花形花刀成品

（3）麦穗形花刀（见图2-2-7）。麦穗形花刀的刀纹是运用直刀推剞和斜刀推剞的刀法制成的。分为大、小麦穗形，主要区别在于麦穗的长短。长者称大麦穗，短者称小麦穗，加工方法基本相同。

1）原料。适用于肌纤维平面排列的原料，常选用鱿鱼、目鱼、猪腰等。

2）加工方法。用斜刀推剞的方法剞上一排平行刀纹，深度为原料厚度的3/4，刀距0.2 cm。将原料顺时针旋转90°，再用直刀推剞一排与原刀纹呈垂直相交的刀纹，深度和刀距与斜刀推剞相同，最后将原料改刀切成长4～5 cm、宽2.5 cm的长方块，经加热后即卷曲成麦穗形状。

图2-2-7　麦穗形花刀成品

（4）牡丹形花刀（见图2-2-8）。牡丹形花刀的刀纹是运用斜刀（或直刀）推剞和平刀片的刀法制成的。

1）原料。选用体长且大并肥厚的鱼类，如黄花鱼、草鱼、鲤鱼等。

2）加工方法。在鱼体两侧各斜刀（或直刀）剞3～10刀，深至鱼骨，再向鱼头方向平刀片进3 cm，在每片肉内侧再剞上一刀即可。每片鱼肉呈牡丹花瓣状。

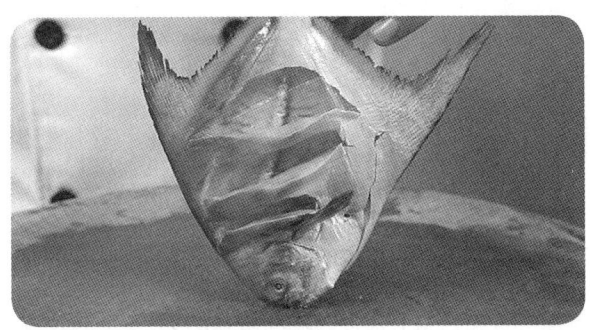

图2-2-8　牡丹形花刀成品

（5）麻花形花刀（见图2-2-9）。麻花形花刀的原料成形是运用直刀剞，再将原料从刀口处穿过制成的。

1）原料。常选用里脊肉、鸡胸、鱼肉、猪腰等原料。

2）加工方法。将原料加工成长5 cm、宽2 cm、厚0.3 cm的长方形片，在片的中间划开3.5 cm的刀口，再在两侧各划一道3 cm的刀口。用手抓住两端并将原料一端从中间缝口穿过即可。受热成熟呈麻花状。

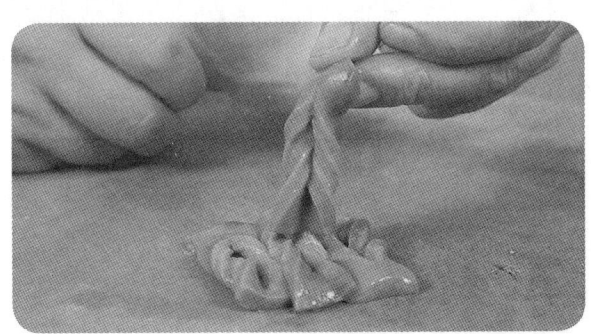

图2-2-9　麻花形花刀成品

（6）灯笼形花刀（见图2-2-10）。灯笼形花刀的刀纹是运用斜刀拉剞和直刀剞的刀法制成的。

1）原料。一般选用猪腰、目鱼、鲍鱼等原料。

2）加工方法。原料改刀切成长4 cm、宽3 cm、厚0.3 cm的长方形片，在原料两端距离边沿 1 cm 处分别斜刀拉剞两刀，斜度为 45°，刀距 0.3 cm，刀口深度为原料厚度的 3/5，再旋转 90°，直刀剞出刀纹，深度为原料厚度的 4/5，刀距为 0.2 cm，加热后收缩成灯笼形状。

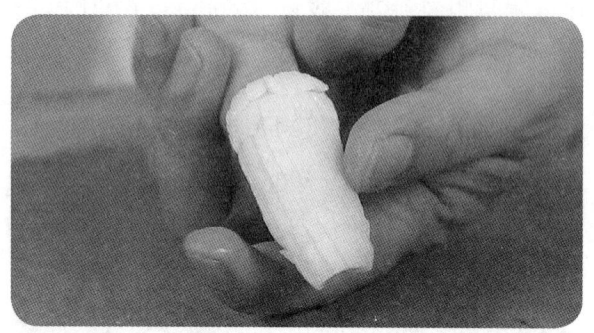

图 2-2-10　灯笼形花刀成品

（7）松鼠形花刀（见图 2-2-11）。松鼠形花刀的刀纹是运用斜刀（或直刀）拉剞、直刀剞的刀法制成的。

1）原料。常选用体肥厚的鱼类，如草鱼、鲤鱼、鳜鱼、鲈鱼、青鱼、黄鱼等。

2）加工方法。将鱼头与鱼身分离，取两片净鱼肉，要求鱼肉尾部相连，顺着鱼体方向在两片鱼肉上直刀剞一排刀纹，刀距约 0.5 cm，深至鱼皮，再垂直于鱼体方向斜刀剞，刀距 0.5 cm，深至鱼皮，两刀相交成菱形刀纹，定型加热后配上鱼头即成松鼠形状。

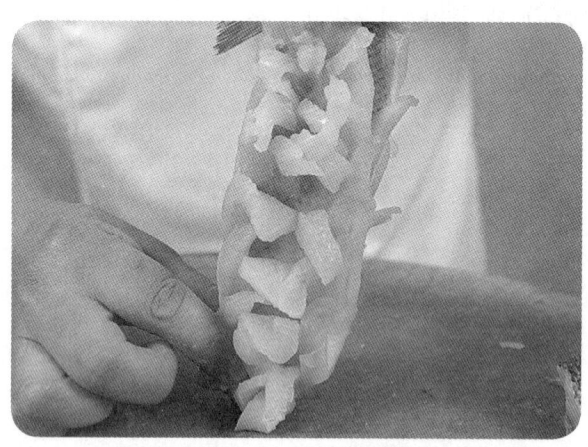

图 2-2-11　松鼠形花刀成品

（8）葡萄形花刀（见图 2-2-12）。葡萄形花刀的刀纹是用直刀推剞的刀法制成的。

1）原料。常选用整块净鱼肉，如草鱼肉、包头鱼肉、青鱼肉、鳜鱼肉等。

2）加工方法。选用长 15 cm、宽 10 cm 的带皮净鱼肉，先与鱼中线呈 45° 角直刀推剞，深度为原料厚度的 4/5，刀距为 1.2 cm，再将鱼体旋转 90°，用同样的方法剞成十字交叉花纹，定型后加热即成。

图 2-2-12　葡萄形花刀成品

（9）松果形花刀（见图 2-2-13）。松果形花刀的刀纹是运用斜刀推剞的刀法制成的。

1）原料。常选用质嫩的动物性原料，如目鱼、鱿鱼等。

2）加工方法。运用斜刀推剞的方法，进刀倾斜度为 45°，深度是原料厚度的 4/5，刀距为 0.2 cm，再旋转 90°，采用斜刀推剞法，方法及成形规格同前面所述，再改刀

图 2-2-13　松果形花刀成品

切成长5 cm、宽4 cm的块，经加热后卷曲成松果形状。

（10）鱼鳃形花刀（见图2-2-14）。鱼鳃形花刀的刀纹是运用直刀推剞和斜刀拉剞的刀法制成的。

1）原料。动物性原料常选用猪腰等。植物性原料也可以加工成此形，如茄子等。

2）加工方法。在原料上用直刀剞出一排平行的刀纹，深度为原料厚度的3/4，刀距为0.2~0.3 cm，再旋转90°，用斜刀拉剞方法将原料切成三刀一断的片，深度为原料厚度的3/4，刀距为0.3 cm。

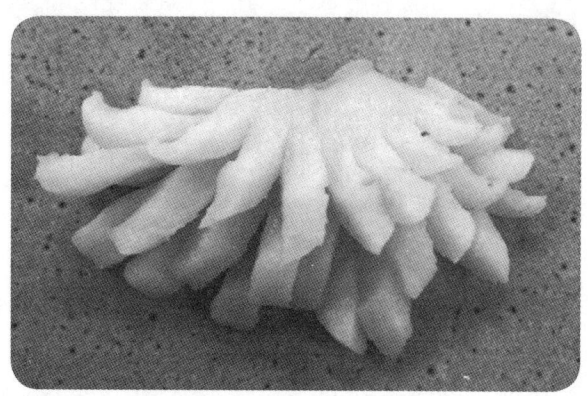

图2-2-14　鱼鳃形花刀成品

（11）锯齿形花刀（见图2-2-15）。锯齿形花刀的刀纹是运用直刀剞和斜刀推剞的刀法制成的。

图2-2-15　锯齿形花刀成品

1）原料。常选用质嫩的动物性原料，如猪腰、鱿鱼等。

2）加工方法。在原料上斜刀推剞一排斜度为 45°、深度为原料厚度 2/3、刀距为 0.3 cm 的刀纹，再旋转 90°，直刀剞成两刀一断的条，刀距 0.3 cm、深度 4/5，条的长度为 8 cm。受热后原料卷曲成锯齿形状。

（12）金鱼形花刀（见图 2-2-16）。金鱼形花刀的原料成形主要是用两次直刀剞的刀法制成的。

1）原料。常选用质嫩的动物性原料，如目鱼、鱿鱼。

2）加工方法。将原料切成长约 10 cm、宽约 3 cm 的长方块。在原料宽度的一半，采用与中线呈 45° 角直刀剞的刀法，刀纹深度为原料厚度的 2/3，刀距为 0.4 cm，再旋转 90° 直刀剞，规格同前面所述。在没有刀纹的下半部直刀切出金鱼尾巴，在剞刀纹的上半部修去金鱼身的四个角。加热后即卷曲成金鱼形。烹调后装盘时，如在金鱼形原料上用红樱桃或红泡椒点出金鱼的水泡眼，形象更逼真。

图 2-2-16　金鱼形花刀成品

（13）梳子形花刀（见图 2-2-17）。梳子形花刀的刀纹是用直刀剞和直刀切（或斜刀批）的刀法制成的。

1）原料。常选用质嫩的动物性原料，如目鱼、鱿鱼、猪腰等。

2）加工方法。用直刀剞出一排平行的刀纹，深度为原料厚度的 2/3，刀距为 0.2~0.3 cm，再旋转 90°，将原料用直刀切成 0.4 cm 厚的片（如果原料较薄可用斜刀批成片）。受热后卷曲即成梳子形状。

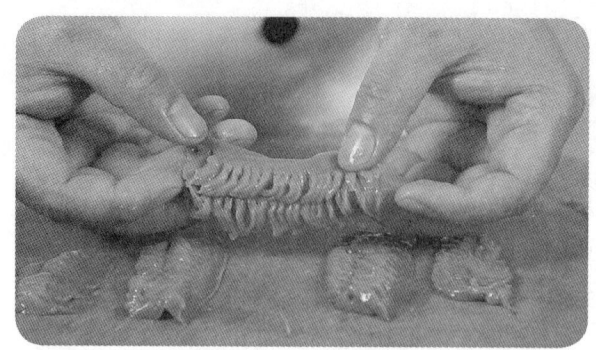

图 2-2-17 梳子形花刀成品

学习单元 2　食品雕刻工艺

食品雕刻是一门美化菜肴、装点宴席、烘托气氛的造型艺术。食品雕刻作品的呈现形式可以是植物、动物、风光建筑等，也可以是多种形态的组合，它能使宾客产生味觉和视觉的双重美好体验。

一、食品雕刻概述

食品雕刻又称为果蔬雕刻，是运用适当的工具和技法，将水果和蔬菜等原料加工成具有观赏和食用价值的雕刻作品的造型工艺。

经过历代中式烹调师的积极探索与刻苦钻研，食品雕刻艺术发展到现代无论在雕刻技法上，还是在形式和题材上都有了很大的进步，不仅涌现出一批造诣精深的大师，而且爱好这门艺术的人越来越多。目前，无论是国宴，还是家庭宴席都能利用食品雕刻显示出艺术的生命力和感染力，使人们在享受美食的同时获得艺术享受。

当今，食品雕刻在烹饪中的应用不仅继承了传统的雕刻技法，并且在菜品的营养搭配、色彩对比、美化布局等方面取得了很大发展，呈现出以下三个特点。

1. 食品雕刻的食用性

食品雕刻的原料是食品，一部分可以直接食用，特别是水果类；另一部分作品也可以通过加工后食用，如各种瓜果蛊类，作品既具有欣赏价值，又可以与菜品共同食用。

2. 食品雕刻的营养性

在菜肴的搭配上，食品雕刻不仅赋予菜肴美感，而且能够突出菜肴的色香味形。另外，在一定程度上，食品雕刻在烹饪中也能起到营养互补的作用。例如，在荤菜中配以黄瓜、胡萝卜等新鲜的时蔬，不仅能够增加菜品的色泽，还能够为菜品提供科学合理的营养搭配。随着绿色餐饮、视觉餐饮、美感餐饮的兴起，食品雕刻改变了人们的饮食观念，使人们更加注重营养的搭配，食品雕刻在菜品中的应用不仅提高了菜品的档次，而且提升了菜品的质量。

3. 食品雕刻的艺术性

食品雕刻也是一项极具艺术性的操作。在餐饮活动特别是宴会活动中，食品雕刻作品应该紧紧围绕活动主题、环境气氛和具体的菜点造型精心构思，设计制作。高雅优美的作品能起到与活动相辅相成的作用，达到渲染气氛、锦上添花的效果。

二、食品雕刻的操作关键

食品雕刻不同于传统的刀工技艺，它具有较强的工艺性，同时还有一定的艺术性，因此其操作有一定的特殊性。食品雕刻的操作关键主要有：

1. 先主后次

先雕刻主体部件，再雕刻次要陪衬部件，然后雕刻出装饰点缀部分，最后围绕主题构思形象进行组装。先组装主体部分，后组装陪衬次要部分。

2. 搭配协调

必须注意雕刻构思的整体形象及各组部件在颜色和质地上的搭配及组合，同时还应注意各个组件之间的比例协调。以"群鹤祝寿"作品为例，首先选用一弯形牛腿老南瓜作为主体部件的雕刻载体，将各种姿态的仙鹤的头、颈、身及长腿合理地布局在南瓜上，并逐一用雕刻刀雕刻出各仙鹤的身躯轮廓，再按各不相同姿态的仙鹤形象分别单独雕刻出仙鹤的双翅，然后用牙签分别插在不同姿态的仙鹤身上，用相思豆点缀双眼，用半圆片红车厘子点缀仙鹤的丹冠，最后雕刻出仙桃安插在适当的位置，点缀上松针（法兰香菜）。制作中要注重各个组件的大小比例协调。

3. 突出主题

作品必须主题突出、层次分明、色彩搭配协调自然。如"凤凰展翅""雄鹰展翅"等作品，要求突出它们展翅时的姿态，但选料上会受到原料大小、高低、长短的局限，所以必须采用整体雕主体加零雕部件的组合，最后拼装。

三、食品雕刻实例

1. 月季花（见图 2-2-18）

（1）原料。心里美萝卜。

（2）制作方法

1）将心里美萝卜修成圆台形的月季花胚，高约 7 cm，上部直径约 7 cm，底部直径约 4 cm。

2）在花胚边缘均匀地去掉 5 块废料，形成 5 个大小相等的花瓣轮廓。

3）在每个花瓣轮廓处刻出上薄下厚的花瓣，形成月季花最外层的五个花瓣。

4）将花瓣里面的花胚修整齐，成为弧面的花胚。

5）在弧面的花胚上刻出一个花瓣的轮廓，用旋刀法旋刻出一个花瓣。

6）用同样的方法刻出余下的花瓣，直至花蕊，月季花即成。

图 2-2-18　月季花雕刻成品

2. 菊花（见图 2-2-19）

（1）原料。心里美萝卜。

（2）制作方法

1）将原料修成直径约 7 cm 的半球形，高度约 7 cm。

2）用戳刀由上向下刻出第一层花瓣。

3）用雕刻刀将花瓣下面的沟棱废料去掉，修成半球形。

4）用戳刀刻出第二层花瓣，使花瓣层次分明。

5）用同样的方法逐层往下刻，直至花蕊。注意，里面一层花瓣要比外面一层花瓣短，花蕊收得最低。

图 2-2-19　菊花雕刻成品

3. 白莲花（见图 2-2-20）

（1）原料。白萝卜。

（2）制作方法

1）将原料修成高约 7 cm 的圆底锥形，小底直径约 3 cm，大底直径约 6 cm。

2）将花胚划出均匀的五等分，去除废料，画出花瓣形状后直刀刻出花瓣。

3）用旋刀法去除里层的废料，用刻第一层花瓣的方法雕刻出第二层花瓣。

4）用同样的方法刻出第三层花瓣。

5）将中间剩余的原料修成圆锥状，顶部修平，用圆口戳刀在平面戳上空洞，雕刻出花中心的莲蓬。

图 2-2-20　白莲花雕刻成品

■■ 综合实训

一、目鱼切割成麦穗形花刀训练

实训任务：将目鱼进行加工处理并切割成麦穗形花刀，掌握麦穗形花刀切割手法及切割规格。

📷　**操作准备**：

（1）原料的准备：新鲜目鱼 500 g。
（2）工具的准备：砧板、片刀、配菜盘等。

📷　**操作步骤**：

- 步骤1：初加工。目鱼洗净，去骨取出净鱼肉。
- 步骤2：剞花型。目鱼内侧用斜刀推剞的方法剞上一排平行刀纹，刀纹间距为 0.2 cm，深度至原料厚度的 3/4。将原料旋转 90°，用直刀推剞的刀法剞上与原刀纹呈垂直相交的刀纹，刀纹间距 0.2 cm，深度至原料厚度的 3/4。
- 步骤3：改型。将原料有刀纹的一面向下，改刀切成长 4~5 cm、宽 2.5 cm 的长方块，焯水即可。

二、雕刻月季花训练

实训任务：以心里美萝卜为原料雕刻月季花，掌握花卉雕刻的基本方法与雕刻程序。

👉 操作准备：

（1）原料的准备：心里美萝卜1个。
（2）工具的准备：平口雕刻刀。

👉 操作步骤：

- 步骤1：修整形。将心里美萝卜修成圆台形的月季花胚，高约7 cm，上部直径约7 cm，底部直径约4 cm。
- 步骤2：刻外层花瓣。花胚边缘均匀地去掉5块废料，形成5个大小相等的花瓣轮廓。
- 步骤3：再修型。在每个轮廓处刻出上薄下厚的花瓣，再将里层花胚修整齐，成弧面花胚。
- 步骤4：刻内层花瓣。在弧面花胚上用旋刀法修出一个花瓣的轮廓，旋刻出第二层花瓣。
- 步骤5：完成雕刻。同样的方法旋刻出余下的花瓣，直至花蕊。

课程 2-3　菜肴组配

学习内容

学习单元	课程内容	培训建议	课堂学时
（1）多种原料菜肴组配	1）多种原料菜肴组配的特点 2）原料质地、色彩、形态的组配要求 3）多种原料菜肴组配的方法 4）典型菜例	（1）方法：讲授法 （2）重点：原料质地、色彩、形态的组配要求 （3）难点：多种原料菜肴组配的方法	1

续表

学习单元	课程内容	培训建议	课堂学时
（2）基础花式菜肴组配	1）基础花式菜肴的组配原则 2）花式菜肴的组配手法 ①排 ②扣 ③贴	（1）方法：讲授法 （2）重点：花式菜肴的组配原则 （3）难点：花式菜肴的组配手法	1

■ 学习单元 1　多种原料菜肴组配

多种原料菜肴组配是否得当，主要是看各种烹饪原料的搭配是否合理，即主料、辅料以及调料的组配是否恰当。

一、多种原料菜肴组配的特点

多种原料菜肴组配是指菜肴中原料品种在两种或两种以上，而且数量上大致相等，无主辅料之别。主料是由几种原料构成，即不分主料和辅料，使用比例大致相等，形状、质地大体一致。由两种或两种以上原料构成的菜肴，各种原料在色、香、味、形方面的配合要适当，菜肴的名称多与数字有关，如双、二、三、四等，如油爆双脆、糟熘三白、烩什锦等。

二、原料质地、色彩、形态的组配要求

1. 质地的组配要求

组配菜肴的原料品种较多，同一品种的原料又由于生长环境和时间的不同性质有所差异，质地有软、硬、脆、嫩、老、韧之别。因此，在组配时应根据原料的性质进

行合理搭配，使之符合烹调和食用的要求。

原料质地组配包括相同质地组配和不同质地组配两种形式。相同质地组配是指将相似质地的原料组配在一起，如油爆双脆，选用的猪肚头和鸭肫都是软性的肌肉组织，经烹制后，两种原料都具有爽脆口感；不同质地组配是指将不同质地原料按菜品的要求组配在一起，如锅巴肉片，这道菜要求有松、香、脆、嫩等多种质感，组配时不能采用质感统一的方法，锅巴必须在菜品装盘前放入，以保证锅巴的香脆。

2. 色彩的组配要求

菜肴的营养价值、卫生质量、风味特点等都会或多或少地通过菜肴的色彩反映出来。好的菜肴或色彩柔和或配色绚丽，能增进食欲，促进消化吸收。因此，菜肴的色彩是菜肴质量好坏的重要指标之一。

（1）菜肴的色彩分类。菜肴的色彩分为冷色调和暖色调两类。在6种标准色中，近于光谱红端区的红、橙、黄为暖色调，接近紫端区的蓝、紫为冷色调，绿色是中性色彩。

需要指出的是，在具体的色彩环境中，各种色彩的冷暖是相对的，两种色彩的对比，常常是决定冷暖的主要因素。例如，紫色在红色环境里为冷色，而在绿色环境里又成了暖色；黄色对于蓝色为暖色，而对于红色、橙色又偏冷了。由此可见，所谓冷、暖色调互为条件，互为依存。暖色与热情、乐观、兴奋相关；冷色则与深沉、宁静、健康相关。

1）白色给人以洁净（俗称清爽）、软嫩、清淡之感，其代表菜例有清汤鱼圆、芙蓉银鱼、糟熘三白、鸡粥鲍鱼、高丽银鱼等。

2）红色给人以热烈、激动、美好、肥嫩之感，同时味觉上表现出麻辣、酸甜、香鲜等感觉，其代表菜例有麻婆豆腐、樱桃肉、翠珠鱼花等。

3）黄色给人以温暖、高贵之感，尤以金黄、深黄最为明显，使人联想到酥脆、香鲜口感；淡黄、橘黄次之。其代表菜例有吉士虾卷、香炸猪排、咖喱鸡块等。

4）绿色是生命色，代表明媚、清新、鲜活、自然，给人以脆嫩、清淡之感。绿色原料一般以蔬菜居多，常作为荤菜的点缀围边，使整个菜肴色彩鲜明，减少油腻感。若在绿色中配以淡黄色，则显得格外清爽、明目，其代表菜例有鸡油菜心、金钩芹菜、韭黄里脊丝等。

5）茶色（咖啡色、褐色）给人以浓郁、芬芳、庄重之感，使菜肴的味感强烈和浓厚，其代表菜例有梁溪脆鳝、红卤香菇、干烧鳊鱼等。

6）黑色在菜肴中应用较少，给人以味浓、干香、耐人寻味之感，其代表菜例有酥海带、八宝乌米饭、素海参、张飞牛肉等。但要注意此类菜肴若加工不当则会使人产生糊苦味的感觉。

7）紫色虽然属于忧郁色，但运用得好，能给人以淡雅、脱俗之感，其代表菜例有紫菜蛋汤、紫菜卷等。

（2）菜肴色彩的组配原则。菜肴的色彩美注重的是本色美，对于菜肴的色彩要善于运用、妥善处理，尽量少用或不用人工合成色素。对菜肴的色彩组配，首先要确定菜肴的色调，即菜肴的主要色彩，又称为主调或基调。在菜肴中通常以主料的色彩为基调，辅以辅料的色彩为衬托、点缀，烘托主料。主料、辅料之间的配色，应根据色彩间的变化关系来确定。菜肴色彩的组配包括同色组配、异色组配两种形式。同色组配原料间颜色相似，成菜后给人清爽感觉，异色组配要求原料颜色差异大，相互映衬。绝大多数菜肴色彩组配采用的是异色组配的方式。

3. 形态的组配要求

菜肴原料形态的组配是指将各种加工好的原料按照一定的形态要求进行组配，形成一个特定形态的菜肴。菜肴形态美观能给人以舒适的感觉，增加食欲；臃肿杂乱则使人产生不快感，影响食欲。菜肴形态组配时，一般将形态相似的原料组配在一起，且主料的料形应大于配料的料形，否则会造成喧宾夺主的组配错觉。菜肴形态组配时应掌握以下原则：

（1）按加热时间长短组配的原则。菜肴的烹调加热时间有长有短，菜肴原料的形态大小必须适应烹调方法。

1）凡烹调时间比较短的菜肴，组配的原料形态宜小不宜大，最好选择细小形态。

2）凡烹调时间较长的菜肴，组配原料形态宜大不宜过小，最好选择整形或稍大原料，如整鸡、整鸭、整甲鱼、整蹄等。

（2）按相似相近组配的原则。菜肴组配的主料、辅料、点缀料必须和谐、相似相近，做到：

1）料形必须统一。根据烹调需要确定主料形态，辅料形态与主料形态保持一致，即丁配丁、丝配丝、条配条、片配片、块配块。

2）辅料服从主料。辅料在菜肴中处于从属地位，其形态大小不能超过主料，必须等于或小于主料。对于成熟后体积有所变化的原料，在配制时一定要注意对生料体积的把握，使成熟后的形态符合要求。

3）辅料形态尽量近似于主料。辅料的形态应与主料成熟后的形态相似，如主料成熟后的形态呈菊花状，辅料可切成柳叶片、秋叶片等；如荔枝腰花，配笋尖、青椒时，辅料不太好造型，可将其加工成菱形片、长方片。

4）注重菜肴整体效果。既要考虑菜肴中单一原料的形态，更要考虑菜肴整体的效果，即按照菜肴质量要求，巧妙送料，精致加工，达到原料与原料之间形态相得益彰，每种原料形态与菜肴整体造型和谐统一的效果。

三、多种原料菜肴组配的方法

多种原料菜肴组配要求各种原料数量大致相等、形状相似、颜色协调，组配的具体方法是将各种原料分别放置在配菜盘中，方便判断原料数量多少是否恰当、形状大小是否一致、原料颜色是否协调，同时也方便进行下一步的加工烹制。

四、典型菜例

【菜例　油爆双脆】

1. 原料组成

主料：猪肚尖 200 g、鸡胗 200 g。

辅料：黄瓜 20 g、胡萝卜 20 g。

调料：食盐 2 g、料酒 5 g、味精 1 g、胡椒粉 0.5 g、姜片 1 g、蒜片 2 g、葱花 2 g、食用油 500 g（约耗 30 g）、水淀粉 25 g、鲜汤 50 g。

2. 制作过程

（1）猪肚尖剔净油、内膜，剞十字花刀，切成长 4 cm、宽 2.5 cm、厚 1 cm 的块。

（2）鸡胗洗净，片去板筋和边筋，剞成菊花形。

（3）黄瓜、胡萝卜洗净后切成菱形片。

（4）分别将猪肚尖、鸡胗、黄瓜片、胡萝卜片放于配菜盘中（见图2-3-1）。

图 2-3-1　油爆双脆原料组配

（5）食盐、料酒、味精、胡椒粉、水淀粉、鲜汤兑制成调味芡汁。

（6）炒锅置于旺火上，放入食用油，油温180℃时放入鸡胗、猪肚尖炒散起锅倒入漏勺中。锅内留油，下姜片、蒜片、葱花炒香，放入黄瓜片、胡萝卜片、鸡胗、猪肚尖，烹入兑好的汁，翻锅和匀，出锅装盘（见图2-3-2）。

图 2-3-2　油爆双脆成品

学习单元2 基础花式菜肴组配

花式菜肴组配成菜一般称之为造型热菜,是饮食活动和审美意趣相结合的一种艺术形式,具有较强的食用性与观赏性。

一、基础花式菜肴的组配原则

基础花式菜肴的组配是菜肴组配的一种,其组配首先要遵循菜肴组配总的原则,由于花式菜肴有较强的艺术性,其组配时还应特别注意遵循以下三个原则。

1. 恰当选择原料

基础花式菜肴具有较强的艺术性,对原材料的要求也很高,因此在选择原料时,必须符合菜肴的要求。例如,在对贴制菜肴组配时,底层原料可选用咸吐司或馒头,不能使用甜面包或甜馒头等含糖分过多的原料,如果原料含糖分过多,烹制时会使成品色泽过深,不能保证原料色泽金黄。

2. 严格把控加工质量

基础花式菜肴对原料加工的质量要求很高,加工质量不过关,不仅会使成菜品质下降,甚至可能会使组配操作无法进行下去。例如,在对锅贴豆腐进行组配时,中间一层的主料豆腐需要加工成豆腐泥,加工时要把控好豆腐泥的干稀度,如果过稀或过干,在制作锅贴坯时都不容易成形。

3. 合理调整初加工时机

组配花式菜肴时,原料往往需要提前加工处理,加工处理后的原料要与菜肴组配结合起来,如制作八宝全鸭时,需要提前对鸭进行整鸭出骨,处理完成后再酿入调好味的糯米、火腿、薏仁、芡实、百合、熟莲米等,这就需要合理安排加工时间。

二、花式菜肴的组配手法

1. 排

将菜肴所用原料平行排放在盘中的操作手法称为排。一般适用于蒸菜，代表菜肴有麒麟鲈鱼等。

操作要点：运用排的手法制作菜肴时，应使原料排叠的间隔均匀、平整一致、彼此相依。为了防止原料在加热时变形，影响菜肴的美观，要对原料进行刀工处理，应根据原料的不同性质将其加工成不同厚度的条、片等（见图2-3-3）。

图2-3-3　排

2. 扣

将菜肴所用原料有规则地摆放在碗内，成熟后复入盛器中，使之具有美丽图案的操作手法称为扣，又称扣碗。扣碗的原料可以是一种原料，也可以是多种原料，通过扣可以使菜肴表面光滑、整齐、饱满，美观大方，烹调方法多为蒸、扒，代表菜肴有虎皮扣肉、金银扣蹄、鸳鸯扣三丝等。

操作要点：在摆放前需在碗内抹上少许食用油，以便原料容易脱离碗装入盛器中。扣制时必须将原料在扣碗中装满，特别是圆形易滑的原料，否则扣入盛器后原料容易出现塌滑现象，使菜肴达不到光滑、饱满的效果（见图2-3-4）。

在菜肴制作中，排和扣的手法有时会同时运用，如先将原料切片，整齐排列在碗的底面和四周，中间填满原料，再运用扣的方法进行加工。

图 2-3-4　扣

3. 贴

将菜肴的几种原料分三层粘贴在一起，制成扁平形状生坯的操作手法称为贴。烹调方法多为锅贴，代表菜肴有锅贴鸡片、锅贴豆腐、凤眼鸽蛋、锅贴鱼片等。

操作要点：下层是片状的整料，多为淡味或咸味的馒头片、吐司片、猪熟肥膘片等原料；中层为特色原料并起粘连作用，以茸胶、丝片常见，如是丝片需要添加浆、糊等作为黏结剂；上层多为菜叶和其他点缀原料。采用贴的手法制作菜肴时，要求三层原料整齐、相间地贴在一起（见图 2-3-5）。

图 2-3-5　贴

掌握此组配手法可以举一反三，创制许多特色新菜品。如主料不变底料变化，有馒头锅贴鱼、肥膘锅贴鱼、蛋皮锅贴鱼等菜肴。底料不变而主料变化，有锅贴青鱼、锅贴鳝鱼、锅贴火腿等菜肴。中间用于粘连的茸胶也有很多的变化，如鱼茸胶、鸡茸胶、虾茸胶等。

综合实训

一、糟熘三白原料组配训练

实训任务：通过对菜品糟熘三白的原料进行组配，掌握多种原料菜肴组配的方法与要求。

操作准备：

（1）原料的准备：鳜鱼肉 150 g、鸡脯肉 100 g、熟冬笋 100 g。

（2）工具的准备：砧板、菜刀、配菜盘等。

操作步骤：

- 步骤1：鸡肉片成片。将鸡脯肉去筋，平刀片成长 5 cm、宽 2.5 cm、厚 0.2 cm 的片。
- 步骤2：鳜鱼肉片成片。鳜鱼肉片成长 5 cm、宽 2.5 cm、厚 0.2 cm 的片。
- 步骤3：冬笋切片。冬笋削去筋皮切成长 4 cm、宽 2 cm、厚 0.2 cm 的片。
- 步骤4：组配。将三种原料的片分别放入配菜盘。

二、锅贴鱼片原料组配训练

实训任务：通过对菜品锅贴鱼片的原料进行组配，掌握基础花式菜肴组配的方法与要求。

操作准备：

（1）原料的准备：鳜鱼 500 g、虾仁 100 g、熟猪肥膘肉 100 g、熟火腿 10 g、荸荠末 10 g、香菜叶 10 g、鸡蛋清 70 g、食盐 5 g、味精 3 g、淀粉 8 g、料酒 5 g、胡椒粉 0.2 g、干细淀粉 20 g。

（2）工具的准备：砧板、切刀、黄油刀等。

操作步骤：

- 步骤1：刀工处理。鳜鱼洗净取鳜鱼肉，将鱼肉和熟猪肥膘肉，分别切成 25 张片状薄片，熟火腿剁成末。

- 步骤2：码味上浆。鱼片中加入食盐、味精、鸡蛋清搅拌上劲后，用干细淀粉拌匀上浆。
- 步骤3：制虾泥。虾仁剁成泥，加入荸荠末、料酒、食盐、鸡蛋清、淀粉、胡椒粉等顺一个方向充分搅拌上劲制成虾泥。
- 步骤4：贴制。熟猪肥肉的两面拍上干细淀粉，平摊在砧板上，铺上一层制作好的虾泥，用黄油刀抹平整，再将鱼片盖在虾泥上，上面再放上香菜叶和熟火腿末点缀，制成锅贴鱼片的生坯。

模块 3　原料预制与预制加工处理

- 课程 3-1　着衣处理
- 课程 3-2　调味、调色处理
- 课程 3-3　预熟处理

课程设置

课程	学习单元	课堂学时
3-1 着衣处理	浆、糊的调制	2
3-2 调味、调色处理	（1）调味	6
	（2）调色	1
3-3 预熟处理	（1）过油预熟处理	1
	（2）走红预熟处理	1
	（3）制汤	1

课程 3-1　着衣处理

学习内容

学习单元	课程内容	培训建议	课堂学时
浆、糊的调制	1）上浆、挂糊概述 ①上浆、挂糊的定义 ②上浆、挂糊的作用 ③上浆、挂糊的注意事项 2）浆的种类 ①水粉浆 ②蛋清浆 3）糊的种类 ①全蛋糊 ②蛋黄糊 ③蛋清糊 ④脆浆糊	（1）方法：讲授法 （2）重点：水粉浆、全蛋糊的调制 （3）难点：水粉浆的上浆、全蛋糊挂糊干稀厚薄的鉴别	2

学习单元 浆、糊的调制

浆和糊是两种用料和制法基本相同、性状略有差异的浆状与糊状的流体、半流体的物质，其用料主要有淀粉、鸡蛋、水、油、发酵粉等。

一、上浆、挂糊概述

1. 上浆、挂糊的定义

上浆与挂糊，行业上习惯称之为糊浆处理，是中国烹饪技术中最常用的原料预处理方法。

在经过刀工处理的原料表面，粘裹一层以淀粉为主要原料调制成的黏性浆糊状物质，这种加工技术称为上浆或挂糊。上浆与挂糊工艺原理和烹饪作用非常近似，但是又不完全相同。上浆所需的黏性浆糊状物质一般都较稀薄，用量也较少，原料上浆后最好放置一定时间再加热，广泛用于炒、爆、熘、汆、烧、烩、焖的烹调方法。上浆也可用于原料预熟处理方法如焯水、滑油前的原料预处理，适用于质地细嫩的鸡、鸭、鹅、猪、牛、羊、鱼、虾、蟹等各类烹饪原料，原料需加工成丝、条、丁、片。挂糊所需的黏性浆糊状物质较浓稠，用量也较多，原料挂糊后最好立即加热，使其快速定型，主要应用于炸、煎、烤等烹调方法。挂糊适用于大多数动、植物性原料，原料成形较大，可以是花形原料、块、条，也可以带骨，甚至是整形原料。

2. 上浆、挂糊的作用

上浆与挂糊作为预处理技术，具有重要的作用，主要有：

（1）保持原料水分和固有质地。原料通过上浆或挂糊处理，在加热过程中，原料表面的浆糊会缓冲高温对原料组织的直接作用，避免原料组织骤然受热而失水；同时浆糊受热可形成胶状致密的外衣，有效阻止原料内部水分的外溢，从而保持原料本身特有的细嫩质地。

（2）改善原料的质感。上浆或挂糊处理过的原料，在加热过程中，表面的浆糊由于淀粉糊化，在短时间内会形成细腻光亮、细嫩软滑的外表效果，形成独有的嫩滑质感。当加热时间长、加热温度高时，往往会使浆糊骤然受热，使水分大量快速流失，形成色泽金黄、香味浓郁、质地松脆的外表效果，大大丰富了菜肴质感，并形成独特的内外质感的对比效果。

（3）保护原料形态，增强定型效果。烹饪原料加工成丝、条、丁、片等形状，在加热中容易萎缩变形、甚至碎散不成形。而原料通过上浆或挂糊处理在加热过程中，浆糊会保护原料的形态，使原料形态完整饱满。特别是当需要经过高温和较长加热时间的处理时，对于原料形体需要固定的菜肴，浆糊具有良好的固定作用和定型效果，能帮助体现烹饪的艺术性。

（4）提高营养价值，增强调味料的粘裹效果。在烹饪加热过程中，原料的营养成分易被破坏，尤其是维生素的损失与蛋白质的变化。上浆或挂糊处理对原料有显著的保护作用，能够避免营养物质的大量流失，避免营养物质受高温的破坏，同时表面的淀粉又对加入的调味料和汤汁有较好的裹覆性，从而促进了整个菜肴的调味效果。

3. 上浆、挂糊的注意事项

上浆、挂糊的稀稠度要视原料的性质而定；搅拌浆糊时应根据其机理先慢后快、先轻后重；浆糊必须搅拌均匀，不结块；上浆、挂糊都必须将原料全部包裹。具体注意事项包括：

（1）调制浆糊需要的淀粉最好是各种干细淀粉。若是颗粒状淀粉在使用前应提早浸泡在水中湿润，调制好的浆糊最好先放置一会，使淀粉粒充分吸水膨胀，以获得较高的黏度，从而增加在烹饪原料上的黏附性。

（2）浆糊的浓稠度要根据原料特性灵活掌握。质地较老的原料，本身所含的水分较少，可容纳糊中较多的水分向内渗透，所以浓度应低一些；质地较嫩的原料，本身所含水分就较多，糊中的水分要向内渗透就比较困难，所以浓度就应高一些。特别是一些果蔬原料，因水分较多，受热后容易变形软烂，如果糊过稀，成品变软就不容易成形，所以果蔬原料使用的糊应浓稠一些。

（3）对于表面水分较多、表面光滑的原料进行上浆挂糊时，可以用干毛巾吸去水分，或在原料的表面先拍上一层干粉，或将浆糊调制得浓稠一些，以免降低浆糊的黏度，影响浆糊的黏附能力，造成烹饪过程中的脱浆、脱糊现象。

（4）上浆、挂糊前，原料需要先进行腌制，使其有一定基础味。因为浆糊状物质受热凝固后，会阻碍调味品的渗透，如果原料没有腌制，成菜后原料会不入味，影响呈味效果。

（5）上浆、挂糊操作时，浆糊要均匀包裹原料，不能出现没有浆糊的地方，否则原料的水分会溢出。

二、浆的种类

1. 水粉浆

水粉浆又称湿粉。用清水将干淀粉浸泡，淀粉吸水膨胀后再调匀而成。使用时，先将动物性原料切成丝、片、丁等较小的形状，再对原料进行码味，然后加入水粉浆拌匀，使原料表面薄而均匀地粘裹一层水粉浆，干稀厚薄适度即可。

对于含水量较多的动物内脏如猪肝、猪腰等，上浆前原料不需要加入食盐用力搅拌上劲，上浆的时间也不需要过久，防止内脏吐水而影响品质；而对于猪肉、鸡肉、牛肉等动物性原料则需要在上浆前加入适量食盐腌制，并用力搅拌上劲，然后再上浆并静止一段时间才能更好地保证上浆的效果。

水粉浆主要适用于爆、炒、氽等烹调方法，因为使用方便、效果不错，所以是目前使用最为广泛的一种浆。

2. 蛋清浆

蛋清浆又称蛋清淀粉浆、蛋白湿粉，是将鸡蛋清搅打均匀，再加入干细淀粉调匀而成的稀浆状物质。使用时，将动物性原料切成丝、片、丁等较小的形状，先进行腌制，再加入蛋清浆拌匀，使原料外表粘裹一层薄而均匀的蛋清浆。也可以将湿淀粉与蛋清一起调匀后再与原料拌匀上浆。

蛋清浆上浆前，动物性原料一般需要先加食盐搅拌上劲或致嫩。由于蛋清浆中含有丰富的蛋白质，受热时蛋白质凝固，能够与淀粉一起形成致密的保护层，因此能最大限度保持原料的持水能力，同时又能较好保持原料的形状不易碎烂。

蛋清浆适用于爆、鲜熘、滑炒等烹调方法。特别适用于质地细嫩、颜色洁白的菜肴原料的上浆，如清炒虾仁、鲜熘鸡丝，同时适用于需要保持形状的原料的上浆，如鲜熘鱼片、五彩鱼丝。

三、糊的种类

1. 全蛋糊

全蛋糊又称全蛋淀粉糊、蛋粉糊、金衣糊、皮糊、窝贴浆等，是用全蛋液（包括鸡蛋清、鸡蛋黄）、干细淀粉调制而成的糊，一般鸡蛋液与干细淀粉的比例为1∶3，有时可以酌情添加面粉、清水。使用时，将刀工成型的原料先进行基础调味，使原料有一定的基础味，再加入全蛋糊与原料拌匀，放入油锅中炸制，再进行调味成菜。成品色泽金黄、外酥香内软嫩。

全蛋糊多用于煎、塌、炸熘、软炸、拔丝等菜肴，如糖醋里脊。

2. 蛋黄糊

蛋黄糊又称酥糊，是用鸡蛋液（以蛋黄为主）、干细淀粉调制而成的糊。将鸡蛋黄 50 g 与干细淀粉 30 g、面粉 10 g、水 30 g、液态猪油 5 g 等一起调制成糊状，即成蛋黄糊。

蛋黄具有起酥性，挂蛋黄糊的原料经油加热后，成品色泽金黄、成形饱满、质地松酥。

蛋黄糊多用于炸的烹调方法，如黄金鸡排。

3. 蛋清糊

蛋清糊又称蛋清淀粉糊、蛋白糊、银酥糊、白汁糊、蛋白稀浆糊、清稀糊等，是一种软质糊。蛋清糊是将鸡蛋清打散，与干细淀粉按 1∶1 的比例调制而成，调制时也可以加适量的清水、面粉。挂蛋清糊的原料经过油加热后，成品色泽洁白、成形饱满、质地软嫩。

另外，还有一种特殊的蛋清糊，业内称为蛋泡糊，又称抽糊、雪衣糊、高丽糊、雪花糊、芙蓉糊、起糊等。是先将鸡蛋清用搅蛋器或筷子不断向同一方向搅打，使蛋清起泡成雪白的泡沫状（称为蛋泡），再加入干细淀粉、干面粉（或不加）轻轻拌匀而成，一般干细淀粉与面粉的比例为 3∶1。具体方法为：先将 30 g 干细淀粉与 10 g 面粉混合均匀，再加入 100 g 的蛋泡调制而成。蛋泡糊中包裹有空气，因此挂蛋泡糊的原料经过油炸以后，成品色白如雪、质地松软，形状近似于球状，体积蓬松。调制蛋泡糊应现调现用，放置后空气会流失变稀，影响成品效果。

由于蛋白胶体不容易致脆，成熟后原料外部糊层触觉较软。

蛋清糊多用于炸、熘、烩、软炸等烹调方法制作的菜肴，如高丽豆沙、雪衣大虾。

4. 脆浆糊

脆浆糊又称为脆皮糊、发粉糊等，是现代餐饮企业最常用的一种功能性极强的浆糊。脆浆糊既能使原料外表圆滑、体积胀大，又能使菜肴色泽金黄、外脆酥内软嫩。挂脆浆糊的原料经过油加热后，成品涨发膨大、色泽金黄、外脆里嫩、干香松酥，还能较长时间保持外皮酥脆的质感。脆浆糊主要分为有种脆浆和急浆两大类。

（1）有种脆浆。有种脆浆又称酵粉脆浆。以老面、面粉、淀粉、清水调匀成糊状，静置。待老面发酵膨胀，当糊中有大量气体时，加植物油、碱水调匀，再静置一段时间即可使用。一般投料比例是：面粉 375 g、老面 75 g、淀粉 150 g、清水 550 g、植物油 160 g、食用碱水适量。

（2）急浆。急浆又称发粉脆浆。用面粉、淀粉、泡打粉、植物油、清水等调匀成糊状，静置一会儿后即可使用。一般投料比例是：面粉 500 g、淀粉 150 g、泡打粉 20 g、植物油 150 g、水 600 g。急浆的成品与有种脆浆的成品效果相似，具有制作简单、容易操作的特性。

脆浆糊多用于炸制方法的菜肴，如脆炸鲜奶。

综合实训

一、上浆基本技能训练

实训任务：通过调制水粉浆、蛋清浆两种浆，掌握上浆的基本类别及调制方法和要领。

操作准备：

（1）原料的准备：猪里脊 200 g、鸡蛋 1 个、淀粉 400 g、食盐 4 g。

（2）工具的准备：炉灶、漏瓢、炒锅、切刀、不锈钢水盆、盘等。

操作步骤：

• 步骤 1：刀工处理。将猪里脊肉洗净，切成长 8 cm、粗 0.3 cm 的丝，加食盐腌渍。

- 步骤2：调蛋清浆。取一个鸡蛋，去壳取蛋清打散，加入淀粉调成蛋清浆。
- 步骤3：调水粉浆。淀粉加清水调成水粉浆。
- 步骤4：上浆处理。将猪里脊肉丝分成两份，分别上两种浆。
- 步骤5：猪里脊肉分别焯水。锅中倒入清水，烧沸后将火调成小火，分别将上了不同浆的里脊肉丝下锅，至肉丝成熟捞出装盘。
- 步骤6：比较分析。比较原料上两种浆再经焯水后，原料的口感、颜色等效果，并分析原因。

二、挂糊基本技能训练

实训任务：通过调制全蛋糊、蛋黄糊、蛋泡糊、脆浆糊四种糊，掌握挂糊的基本类别及调制方法和要领。

操作准备：

（1）原料的准备：猪里脊400 g、鸡蛋4个、淀粉400 g、面粉100 g、泡打粉10 g、食盐4 g、食用油1 000 g（约耗200 g）。

（2）工具的准备：炉灶、漏勺、手勺、炒锅、切刀、不锈钢水盆、盘等。

操作步骤：

- 步骤1：原料初加工处理。将猪里脊肉洗净，切成长5 cm、粗1 cm的条，加食盐腌渍20分钟。
- 步骤2：调制全蛋糊。取一个鸡蛋，去壳打散，加入玉米淀粉调成全蛋糊。
- 步骤3：调制蛋黄糊。取两个鸡蛋，去壳取蛋黄打散，加入淀粉调成蛋黄糊。
- 步骤4：调制蛋泡糊。取两个鸡蛋，去壳取蛋清，抽打成蛋泡，加入淀粉、面粉调成蛋泡糊。
- 步骤5：调制脆浆糊。取一个鸡蛋，去壳打散，加入淀粉、面粉、泡打粉调匀，再加入食用油调成脆浆糊。
- 步骤6：分别挂糊。将猪里脊肉条分成四份，分别挂上四种糊。
- 步骤7：炸制。锅中倒入食用油，烧热至180℃，分别将挂不同糊的里脊肉条放入炸制25秒钟，酥脆后捞出装盘。
- 步骤8：比较分析。比较原料挂四种糊后经油炸的口感、颜色等，分析原因。

课程 3-2　调味、调色处理

学习内容

学习单元	课程内容	培训建议	课堂学时
（1）调味	1）酸甜味汁 ①味汁特点 ②调味品种类 ③调制方法 ④调制注意事项 ⑤味汁变化 ⑥典型菜例 2）麻辣味汁 ①味汁特点 ②调味品种类 ③调制方法 ④调制注意事项 ⑤味汁变化 ⑥典型菜例 3）鱼香味汁 ①味汁特点 ②调味品种类 ③调制方法 ④调制注意事项 ⑤味汁变化 ⑥典型菜例	（1）方法：讲授法、演示法、实训法 （2）重点：五种味汁的调制 （3）难点：五种味汁调制的变化	6

续表

学习单元	课程内容	培训建议	课堂学时
（1）调味	4）酸辣味汁 ①味汁特点 ②调味品种类 ③调制方法 ④调制注意事项 ⑤味汁变化 ⑥典型菜例	（1）方法：讲授法、演示法、实训法 （2）重点：五种味汁的调制 （3）难点：五种味汁调制的变化	6
（2）调色	1）调色概述 2）调料调色 ①用酱油调色 ②用糖调色 ③用咖喱调色 ④用番茄酱调色 ⑤用辣椒酱调色	（1）方法：讲授法 （2）重点与难点：酱油的调色	1

学习单元 1　调味

在调制味汁时，需要考虑每一种味汁的味道特点和怎样使用调味品，务必使各种味的特点鲜明而突出。在调制技巧上，要按正确有效的调制方法才能准确调制味汁。防止滥用调味品而产生调味品配合上的相互抵消、互相压抑和味觉上的风味不明、特点不分。

一、酸甜味汁

1. 味汁特点

　　甜酸鲜美，清爽可口。

2. 调味品种类

　　食盐、白糖、酱油、醋、香油。

3. 调制方法

　　用调味碗将食盐和白糖用酱油、醋充分溶化后，加入香油调匀即成。

　　配合中，食盐用于确定味汁的基本咸味，酱油定色提鲜。白糖和醋是甜酸味的主味，用量应满足菜肴的需要。香油增香，用量应满足菜肴的需要。在酸甜味汁中，食盐和酱油所组成的咸味只能作为基础味。在食用时，一般进口首先感觉的是甜酸味感，咸味感觉应较微弱。

4. 调制注意事项

　　（1）甜酸味汁应浓稠才有良好的味感。

　　（2）香油不要放得过早，以免影响光泽度或香味挥发过大。

5. 味汁变化

　　（1）甜酸味汁适用于凉拌菜肴，一般不下锅。而热菜的甜酸味汁则多需要加热，其调制方法及调味品比例与此不同，需要根据具体菜品掌握。

　　（2）菜肴原料异味重时，调味时可淋几滴辣椒油压异味，但不要过于突出辣椒油的辣味。

6. 典型菜例

　　甜酸味汁多用于凉拌菜肴，如糖醋石花菜、糖醋生菜、糖醋海蜇丝。

【菜例　糖醋海蜇丝】

(1) 原料组成

主料：海蜇头（选用体薄大张、色白血筋少的原料，保证成菜甜酸香脆）100 g。

辅料：黄瓜 50 g。

加工原料的调料：葱段 5 g、姜片 5 g、料酒 50 g、食盐 7 g、整花椒 20 粒。

味汁调料：白糖 30 g、醋 70 g、食盐 3 g、香油 10 g。

(2) 制作过程

1) 加工原料。黄瓜洗净削皮，切成薄片；海蜇头用清水反复清洗，去尽盐砂，撕去血筋，清水浸泡 2~3 小时，用刀切成长 5 cm、粗 0.4 cm 的丝，再用清水淘洗一次，放入沸水中焯水断生捞出。

2) 调制甜酸味汁。将白糖、醋、食盐、香油放入碗内兑成糖醋味汁。

3) 装盘成菜。将黄瓜片放入圆盘中垫底，海蜇丝放在黄瓜片上面，淋上调好的甜酸味汁即成（见图 3-2-1）。

图 3-2-1　糖醋海蜇丝

二、麻辣味汁

1. 味汁特点
麻辣咸香，味厚不腻，四季皆宜。

2. 调味品种类
食盐、酱油、白糖、辣椒油、花椒面、味精、香油。

3. 调制方法
先将酱油放入调味碗中，然后加入食盐、白糖、味精充分溶解，再加入辣椒油、花椒面调匀，最后再淋辣椒油和香油即成。

配合中，食盐确定基础咸味，酱油定味提鲜，二者所组成的咸味应满足菜肴的需要，咸中有鲜。在咸鲜有味的基础上重用辣椒油、花椒面（花椒面应选择品质高的才有风味），使麻辣味突出。香油辅助香味，使香味有反复，用量以不压花椒与辣椒油的香味为度。白糖和味，降低麻辣味感，用量较少，味精和味提鲜。配合中，若无辣味则风味全无，要做到虽麻辣但有咸味压，虽咸但有鲜味和，虽性烈但有香味诱。因为此味汁味感猛烈、浓厚、刺激性大，不习惯的人食用时感觉难以接受，习惯的人食用则很喜爱。

4. 调制注意事项
使用辣椒油需要分两次加入，第一次是在酱油溶解了食盐、白糖、味精后加入辣椒油，搅匀，主要目的是使味汁的辣味浓郁；第二次是味汁与原料拌和均匀或味汁淋于原料表面后再淋上辣椒油，最好只用辣椒油，目的主要是使菜肴色泽红亮。

白糖用量不宜过多，否则会降低麻辣味感，使味汁麻辣味不浓郁。

5. 味汁变化
如用牛肉、牛杂等原料制作麻辣味菜肴，可以不用或少用酱油，否则会使牛肉、牛杂看起来颜色偏黑。

川味金丝牛肉、麻辣肉干等类型的麻辣味，是属于麻辣味的不同运用。

有时为了增加味汁的浓厚度，可酌情添加豆豉茸、卤水等，如拌制麻辣兔丁、夫妻肺片等。

热菜麻辣味汁的调制变化更大，提辣的调味品还可选用辣椒段、辣椒粉等。

6. 典型菜例

麻辣味的菜肴很多，麻辣味汁制作的冷菜菜品有麻辣兔丁、麻辣鸡片、夫妻肺片、麻辣牛肉干；麻辣味热菜有辣子鸡、干煸牛肉丝、水煮肉片、沸腾鱼、麻辣小龙虾等。

【菜例 麻辣鸡片】

（1）原料组成

主料：熟鸡肉400 g。

辅料：黄瓜100 g、马耳朵形葱50 g、熟白芝麻5 g。

味汁调料：酱油10 g、辣椒油50 g、花椒面1 g、味精2 g、食盐5 g、白糖5 g、香油5 g。

（2）制作过程

1）加工原料。熟鸡肉去骨，将净鸡肉片成长3 cm、宽2.5 cm的薄片。黄瓜洗净切成长6 cm、厚0.2 cm的片。

2）调制麻辣味汁。将食盐、白糖、酱油、辣椒油、花椒面、香油兑成汁。

3）装盘成菜。将马耳朵形葱装入盘中垫底，再摆上黄瓜片，最后将鸡片摆成风车形，将麻辣味汁淋于鸡片上，撒上熟白芝麻即成（见图3-2-2）。

图 3-2-2 麻辣鸡片

三、鱼香味汁

1. 味汁特点

鱼香味汁是用仿制烹鱼时使用的调料和方法来烹制除鱼以外的其他原料,成菜后无鱼而有鱼香之味,多用于炒、炸、熘一类菜肴。鱼香味汁的味感特点是:色泽红亮,咸鲜微辣带甜酸,姜、葱、蒜的香味浓郁。

2. 调味品种类

食盐、酱油、白糖、醋、味精、泡红辣椒末、姜末、蒜末、葱花、香油、辣椒油。

3. 调制方法

将泡红辣椒末、姜末、蒜末和匀,加入食盐充分搅拌,再加入白糖、味精、酱油、醋调匀,最后加入辣椒油、香油、葱花等调匀即成。

食盐定咸味,酱油提鲜、增色与补足咸味,用量要恰当。泡红辣椒末使菜肴色泽红亮而味感鲜辣清爽,突出鱼香味感,用量宜大。姜、葱、蒜增香压异味,用量宜大,突出姜、葱、蒜香味。白糖和醋组成甜酸味感,味精提鲜,用量适当。辣椒油主要增加味汁油润度,只用辣椒油不用辣椒末。香油增香。

4. 调制注意事项

体现咸味的调味品有食盐、酱油、泡红辣椒末等，应注意考虑咸味总和。

行话所说"糖和醋都不能伤，也不能缺"，是指糖和醋用量多了或少了都会误事。甜酸味感不能超过咸味。

泡红辣椒末、姜末、蒜末、葱花等在刀工处理时要切细，便于出味。

5. 味汁变化

鱼香味汁也可以经过加热进行调制。具体的方法是：锅内放入食用油 20 g，下泡红辣椒末炒红，再放入姜末、蒜末炒香，掺入适量鲜汤，再将白糖、酱油、醋、食盐、香油、葱花放入，调匀起锅即成。

根据成菜的要求，调制鱼香味汁时可以添加一定量的鲜汤，具体掺汤量根据菜品要求决定，这样可以使汤汁满足成菜的要求。

6. 典型菜例

冷菜鱼香味汁多用于经过炸制酥脆的原料，如鱼香青圆、鱼香蚕豆等。热菜鱼香味汁在使用时多需要加热，原料的选择范围多以家禽、家畜、蔬菜、禽蛋为主，特别适用于炸、熘、滑炒之类的菜肴，如鱼香肉丝、鱼香烘蛋、鱼香茄饼、鱼香八块鸡等。

【菜例　鱼香青圆】

（1）原料组成

主料：鲜青豌豆 500 g。

加工原料的调料：色拉油 1 000 g（约耗 50 g）。

味汁调料：食盐 3 g、酱油 10 g、醋 10 g、白糖 12 g、味精 3 g、泡红辣椒末 40 g、姜末 8 g、蒜末 15 g、葱花 25 g、香油 15 g、辣椒油 10 g。

（2）制作过程

1）加工原料。鲜青豌豆洗净，用刀在青豌豆上划一条口子，放入

160℃的食用油中浸炸至酥脆、色翠绿、皮肉分离时，先捞出豌豆皮不用，再将豌豆捞起晾凉。

2）调制鱼香味汁。将泡辣椒末、姜末、蒜末、葱花和匀，再加入精盐、白糖、味精、酱油、醋充分调匀，最后加入辣椒油、香油调成鱼香味汁。

3）装盘成菜。将炸酥的青豌豆与调好的鱼香味汁拌匀，装入圆盘中（见图3-2-3）。

图3-2-3　鱼香青圆

四、酸辣味汁

1. 味汁特点

香辣咸酸、清爽可口。

2. 调味品种类

食盐、酱油、辣椒油、醋、香油。

3. 调制方法

用调味碗先将酱油、醋、食盐充分调匀，再加入辣椒油、香油调匀即成。

配合中，食盐确定味汁的咸味，酱油和味提鲜，用量上应注意"盐咸醋才酸"，两者组成的咸度应较一般菜肴高些。醋提鲜除异解腻,用量以菜肴在食用时进口酸味适中为度。辣椒油提鲜压异解腻,辣味用量稍带浓烈为好。香油增加香味,但用量要适当,以菜肴有香味而不浓为准。此味应体现"咸味为基础,酸辣为主味,香鲜辅助味"的调味手法。

4. 调制注意事项

咸味浓度应该稍微浓一点,才能突出醋的酸味,咸味如果不足,醋的酸味就不能很好地体现出来。

辣椒油要分两次加入,第一次加入主要目的是调味,第二次加入主要目的是使味汁色泽红亮。

5. 味汁变化

在鲜红辣椒出产季节,可用鲜红辣椒剁茸经食盐、醋浸渍后再代替辣椒油使用,在提鲜、和味、解腻上作用还要强些,有较浓郁鲜辣风味。如酸辣木耳多采用此味汁调制。

可以酌情考虑添加泡野山椒末,突出泡野山椒末的辣味,如酸辣泡凤爪。

热菜酸辣味有时可用胡椒粉提辣味,风味别具一格,如酸辣蛋花汤。

6. 典型菜例

酸辣味汁制作的冷菜菜肴有酸辣肫花、酸辣蕨根粉等。热菜酸辣味汁在使用时多需要加热,多为带汤汁的菜肴,如酸辣蛋花汤、酸辣蹄筋、酸辣鱼茸羹等。

【菜例 酸辣肫花】

(1)原料组成

主料:新鲜鸡肫 250 g。

辅料:马耳朵形葱 20 g、小米辣 15 g、香菜 1 g。

味汁调料:食盐 2 g、酱油 10 g、味精 0.5 g、醋 15 g、辣椒油

20 g、香油 5 g。

（2）制作过程

1）加工原料。将新鲜鸡肫洗净，去板筋和底板后切成菊花形，放入沸水中焯水，待鸡肫花断生的时候捞出，放入凉开水中浸漂过凉。小米辣切碎。

2）调制酸辣味汁。将食盐、酱油、味精、醋、辣椒油、香油充分调匀成酸辣味汁。

3）装盘成菜。马耳朵形葱放入圆盘内垫底，将鸡肫花放入葱上堆成圆形，放上小米辣碎，将调制好的酸辣味汁淋在肫花上，放上香菜即成（见图 3-2-4）。

图 3-2-4　酸辣肫花

学习单元 2　调色

食物的色泽是刺激人们食欲的核心因素之一，是反映菜肴质量的重要内容，也是对菜肴各方面的客观反映。色泽的偏差往往直接影响味的纯正，所谓"色败而味变"。

一、调色概述

调色是指运用各种有色调料和调配手段来调配菜肴的颜色,增加菜肴光泽,使菜肴色泽美观的操作工艺。菜肴的色泽主要来源于三个方面:原料本身色泽、加热形成色泽、调辅料调配色泽。

1. 原料本身色泽

烹饪原料都带有本身的色泽,大多数的颜色比较鲜艳、纯正,如绿色蔬菜、胡萝卜、番茄、彩色辣椒、火腿、韭黄、鱼肉、香菇等在加工时需要保持其本身色泽,使其颜色鲜亮。

2. 加热形成色泽

烹饪原料在加热过程中,由于原料本身所含色素会发生变化,以及蛋白质、糖类等物质在高温下发生焦糖化反应和羰氨反应,会使原料出现新的色泽。如虾、蟹在加热时颜色会由青色变为红色,绿色蔬菜经烹炒由绿色变为黄褐色,蛋白质经高温炸制会呈现金黄色。

3. 调辅料调配色泽

调辅料调色是利用有色调辅料调配的色泽。包括两种,一种是调料在调味的同时自身所带有的颜色使菜肴上色,另一种是利用色素使原料染色。

二、调料调色

1. 用酱油调色

酱油是用粮食发酵酿制而成的,成分复杂的调味品,酱油浓度较大,颜色呈鲜艳的红褐色,有独特酱香,滋味鲜美。

酱油按照颜色可分为老抽和生抽两类。其中生抽的颜色比较淡,呈浅红褐色,味道比较咸鲜,多用来进行烹调调味,炒制或者凉拌时用得多。而老抽添加了焦糖色,颜色深,呈棕褐色并有光泽,味道相比生抽来说鲜味弱一些,吃在嘴里有一种咸鲜微甜的味道,一般用来给菜肴着色用。比如做红烧菜肴等需要上色的菜时使用比较好。

利用酱油调色方法简单，多是在菜肴调味时进行调色，根据菜肴需要，可以在烹调前调色，也可以在烹调中调色，还可以在烹调后调色。酱油加入的量也要根据菜肴的要求以及酱油本身颜色所决定。此种调色方法广泛用于凉菜、蒸菜、烧菜、炒菜等。一般对咸鲜香浓、色泽棕红菜肴的调色可使用酱油。但是由于酱油有浓郁的酱香味，对于味道清香鲜醇的和要突出原料本色的菜肴，应少用或不用酱油。另外，酱油不宜长时间加热或经受高温，否则会失去咸香味，并使菜肴颜色加深甚至变黑。

2. 用糖调色

烹调中所用的糖主要有白糖、红糖、冰糖，以及蜂糖、饴糖等。用糖调色时既要考虑调色效果，还要考虑糖的甜味。用糖调色具体的方法有：

（1）红糖在带甜味的基础上还带有一股类似焦糖的特殊风味，并带有自然的红褐色，在制作某些菜肴时可直接使用红糖进行调色。例如四川在制作传统的夹沙烧白时，糯米经氽煮后调味调色时添加适量红糖，既使糯米有甜味，又使糯米呈现诱人的棕红色。

（2）白糖和冰糖本身色泽很浅，很少直接将其用来对菜肴进行调色，但是糖类在高温作用下会发生焦糖化反应，生成焦糖色素，能增加菜肴的颜色，使菜肴的色泽褐红，如红烧肉等菜肴的上色。烹调中熬制糖色的方法是：将锅洗净置于火上，留食用油 10 g，放入白糖或冰糖 50 g，小火加热并不断搅动，使白糖或冰糖慢慢融化，继续加热，产生大量深棕色气泡，待气泡减少并冒青烟时，迅速倒入清水 150 g，大火煮沸取出即成糖色。熬制时火力要均匀集中，防止锅边焦糊导致糖分受热不均匀，颜色过深，味道带有浓郁的焦苦味。

用糖色调色的方法与用酱油调色方法类似，不同之处在于，酱油本身带有咸味，使用时要考虑对咸味的影响，而糖色基本不带有味道，也不用过多考虑其对味的影响。另外，糖色相对于酱油来说性质更稳定，加热也不会使其颜色过于加深。因此，对于较长时间加热的菜肴多选用糖色调色，如红烧肉、卤肉、冰糖肘子以及炸收类菜肴。凉拌类菜肴一般不用糖色来调色。

（3）利用饴糖等在高温加热时能吸湿、起脆、起色的作用，使原料上色，多用于烤制菜品和制作点心时菜点表面的上色。调色方法是在加工处理的原料表面均匀涂刷一层一定浓度的饴糖，再将其放入烤箱或油中加热，使其表面受热色泽金红，并具有酥脆效果。

3. 用咖喱调色

咖喱是以姜黄为主料，添加多种香辛料配制而成的复合调味料，其味辛辣带甜，具有特别的香气。

咖喱不是一种香料的名称，是由数种甚至数十种香料所组成。组成咖喱的香料包括红辣椒、姜、丁香、肉桂、茴香、小茴香、肉豆蔻、芫荽籽、芥末、孜然、白胡椒以及咖喱的主色——姜黄粉等，这些香料的混合统称为咖喱粉。用咖喱粉调色的具体方法是，锅中留油，加热到100℃油温时，放入洋葱末、姜粉、蒜末等用小火炒香，再加入咖喱粉翻炒渗透出香味，洋葱末被咖喱粉厚厚地包裹起来，再放入原料与咖喱混合均匀，最后再经过加热使原料成熟即可。

另外，在使用咖喱块调色时，由于咖喱块含有面粉和油脂（即油咖喱、咖喱酱）直接加热不易溶解。常用方法是锅中留油，到100℃油温时，放入洋葱末、姜粉、蒜末等用小火炒香，掺水烧沸，再投入咖喱块，并不时翻搅，防止粘锅焦煳。待咖喱块充分溶解后，再酌量加入辣椒、红酒等一起熬煮出咖喱味道即可。

按此种方法调制，咖喱味芳香四溢，金黄香辣，别有风味。

需要说明的是，由于咖喱是多种香料的混合而不是一种原料，因此，不同国家、不同地区调制咖喱时选用的香料不同，调出来的咖喱也都不一样。咖喱的种类也很多，按颜色分有棕、红、青、黄、白之别，使用时需加注意。

4. 用番茄酱调色

番茄酱是鲜番茄的酱状浓缩制品，将成熟的红番茄经破碎、打浆、去皮去籽后，经浓缩、装罐、杀菌而制成。呈鲜红色酱体，具有番茄的特有风味，是一种富有特色的调味品。

番茄酱含有番茄红素，其颜色鲜红、味道酸甜可口，可以直接食用，也可以在做菜肴时当作调味调色酱来使用。

用番茄酱调色，使用方便。可以将番茄酱直接放于菜肴的汤汁，将汤汁调成番茄酱的鲜红颜色，再将汤汁收浓；也可以先将番茄酱用少量食用油低温炒至颜色红亮、细腻后再掺汤调制成调味汁，最后将菜肴原料与调味汁和匀。需要注意的是，加热炒制时需要保持番茄酱特有的番茄风味以及番茄酱的营养，加热时间不宜过长。

5. 用辣椒酱调色

辣椒酱是用优等辣椒，经过淘洗、精拣、破碎熬制而成的。豆瓣酱是在辣椒酱的基础上添加经过发酵处理的胡豆瓣再经过酿制而成，最负盛名的豆瓣酱是四川的郫县豆瓣酱。辣椒酱的色泽红褐、油润光亮、味道鲜辣、清香味浓郁。豆瓣酱还含有浓郁的酱香味。

使用辣椒酱调色的具体方法是，将辣椒酱剁细，使其能更好地上色，同时又增加美观性。将辣椒酱用120℃的油温小火煸炒，既能除去辣椒酱中多余的水分和发酵带来的异味，又能使香气四溢，油色红亮，使菜肴色味俱佳。炒制时注意油温为120℃左右，不能过高，否则炒制的辣椒酱颜色不正、味道变差。将需要调色的菜肴原料与辣椒酱和匀，使其颜色达到菜肴所需的效果。

综合实训

一、糖醋海蜇丝的酸甜味汁调制训练

实训任务：通过调制糖醋海蜇丝的酸甜味汁的训练，掌握酸甜味汁的调制过程及调制技巧。

☞ 操作准备：

（1）原料的准备：海蜇头100 g、黄瓜50 g、葱段5 g、姜片5 g。

（2）工具的准备：炉灶、汤锅、调味碗、调味勺、调味缸一组（包括料酒、食盐、整花椒、白糖、醋、食盐、香油）。

☞ 操作步骤：

• 步骤1：原料初加工。黄瓜洗净削皮，切成长6 cm、粗0.4 cm的丝；海蜇头用清水反复清洗，去尽盐砂，撕去血筋，清水浸泡2~3小时，用刀切成长5 cm、粗0.4 cm的丝，再用清水淘洗一次，放入沸水中焯水断生捞出，沥干水分。

• 步骤2：酸甜味汁调制。用调味碗将食盐、醋、白糖、香油充分调匀成酸甜味汁。

• 步骤3：制作成菜。将黄瓜丝放入七寸圆盘中垫底，海蜇丝放在黄瓜丝上面，淋上调好的酸甜味汁即成。

• 步骤4：观察品尝。观察调制出来的酸甜味汁的颜色深浅，观察酸甜味汁的量与原料的量的比例，品尝菜肴的味感及原料的质感，并总结。

二、麻辣鸡片的麻辣味汁调制训练

实训任务：通过调制麻辣鸡片的麻辣味汁的训练，掌握麻辣味汁的调制过程及调制技巧。

◆ 操作准备：

（1）原料的准备：熟鸡肉 400 g、黄瓜 100 g、马耳朵形葱 50 g、香菜 10 g、熟白芝麻 5 g。

（2）工具的准备：调味碗、调味勺、调味缸一组（包括食盐、酱油、白糖、味精、辣椒油、花椒面、香油）。

◆ 操作步骤：

• 步骤1：原料初加工。熟鸡肉晾凉后去骨，斜刀片成约长 3 cm、宽 2.5 cm、厚 0.3 cm 的片。黄瓜直刀洗净切成长 6 cm、厚 0.2 cm 的片。香菜洗净，切成长 1.5 cm 的段。

• 步骤2：麻辣味汁调制。用调味碗将食盐、白糖、酱油、辣椒油、花椒面、香油等充分调匀成麻辣味汁。

• 步骤3：制作成菜。将马耳朵形葱装入盘中垫底，再摆上黄瓜片，最后将鸡片摆成风车形，将麻辣味汁淋于鸡片上，撒上熟白芝麻、香菜。

• 步骤4：观察品尝。观察调制出来的麻辣味汁的颜色深浅，并分析颜色深浅与哪些调味品有关系；观察麻辣味汁的量与原料的量的比例；品尝成菜的味感及原料的质感，并总结。

三、鱼香青圆的鱼香味汁调制训练

实训任务：通过调制鱼香青圆的鱼香味汁的训练，掌握鱼香味汁的调制过程及调制技巧。

◆ 操作准备：

（1）原料的准备：鲜青豌豆 500 g。

（2）工具的准备：炉灶、炒锅、漏勺、菜刀、砧板、调味碗、调味勺、调味缸一组（包括食盐、酱油、醋、白糖、味精、泡红辣椒末、姜末、蒜末、葱花、香油、辣椒油、食用油等）。

◆ 操作步骤：

• 步骤1：原料初加工。鲜青豌豆洗净，用刀在青豌豆上划一条口子，放入 160℃ 的食用油中浸炸至酥脆、色翠绿、皮肉分离，先捞出豌豆皮不用，再将豌豆捞起晾凉。

- 步骤2：鱼香味汁调制。用调味碗先将泡红辣椒末、姜末、蒜末、葱花和匀，再加入精盐、白糖、味精、酱油、醋等充分调匀，最后加入辣椒油、香油调成鱼香味汁。
- 步骤3：制作成菜。将炸酥的青豌豆与调好的鱼香味汁拌匀，装入圆盘中即成。
- 步骤4：观察品尝。观察调制出来的鱼香味汁的颜色深浅，并分析颜色深浅与哪些调味品有关系；观察拌制好的鱼香青圆装盘后流出味汁的多少；品尝菜肴的味感及青圆的质感，并总结。

四、酸辣肫花的酸辣味汁调制训练

实训任务：通过调制酸辣肫花的酸辣味汁的训练，掌握酸辣味汁的调制过程及调制技巧。

☞ **操作准备**：

（1）原料的准备：鲜鸡肫200 g、马耳朵形葱20 g。

（2）工具的准备：炉灶、汤锅、调味碗、调味勺、调味缸一组（包括食盐、酱油、辣椒油、醋、香油）。

☞ **操作步骤**：

- 步骤1：原料初加工。鸡肫去板筋和底板后洗净，切成菊花形，放入沸水中焯水致熟捞出晾凉。
- 步骤2：酸辣味汁调制。用调味碗将食盐、酱油、味精、醋、辣椒油、香油充分调匀成酸辣味汁。
- 步骤3：制作成菜。马耳朵形葱放入圆盘内垫底，将鸡肫花放于马耳朵形葱上堆成圆形，将调制好的酸辣味汁淋在肫花上。
- 步骤4：观察品尝。观察调制出来的酸辣味汁的颜色深浅，并分析颜色深浅与哪些调味品有关系；观察拌制好酸辣肫花味汁量的多少；品尝菜肴的味感及肫花的质感，并总结。

五、糖色的制作训练

实训任务：通过糖色的制作训练，掌握糖色的制作要领及调色的性质。

📹 操作准备:

(1) 原料的准备:白糖 50 g、食用油 10 g、清水 150 g。
(2) 工具的准备:炉灶、炒锅、手勺、碗、调味缸一组(包括白糖、食用油等)。

📹 操作步骤:

• 步骤1:炒糖色。锅洗净置于火上,留食用油 10 g,放入白糖 50 g,小火加热并不断搅动,使白糖或冰糖慢慢融化,继续加热,产生大量深棕色气泡,待气泡减少并冒青烟时,迅速倒入清水 150 g,大火煮沸取出即成糖色。

• 步骤2:观察品尝。待糖色晾凉后,观察糖色的颜色;品尝糖色的味道,鉴别其是否带甜味或带苦味,并分析带甜味、基本无味、带苦味三种情况与颜色深浅的关系。

课程 3-3 预熟处理

学习内容

学习单元	课程内容	培训建议	课堂学时
(1) 过油预熟处理	1) 过油预熟处理概述 2) 过油的种类 ①滑油 ②走油	(1) 方法:讲授法 (2) 重点与难点:滑油与走油的操作要领	1
(2) 走红预熟处理	1) 走红预熟处理概述 2) 走红的种类 ①过油走红 ②卤汁走红	(1) 方法:讲授法 (2) 重点与难点:过油走红与卤汁走红的操作要领	1

续表

学习单元	课程内容	培训建议	课堂学时
（3）制汤	1）制汤概述 ①制汤的定义 ②汤的作用 ③汤的种类 2）制作基础汤	（1）方法：讲授法 （2）重点与难点：基础汤制作方法	1

学习单元 1　过油预熟处理

油传热速度比水快得多，利用油传热可以使原料快速成熟，并且在烹调中，油的温度选择范围较大。采用高油温加热食物，可使原料表面迅速获得高温，使原料表面水分快速蒸发，原料内部传热较慢，就形成外焦内嫩的效果；采用低油温加热食物，又可使原料达到细嫩鲜滑的效果。

一、过油预熟处理概述

过油预熟处理简称过油，是将加工成形的原料，在不同油温中炸制成半成品的工作。

过油时采用不同油温加热原料会对原料产生不同的作用，归纳起来有以下几方面：能使原料口感多样化，油温的不同，能使原料具有酥脆、外焦内嫩或滑嫩等口感，这是其他方法所达不到的；能使油分子渗透进土豆、茄子等脂肪较少的原料，显著增加原料的芳香气味和风味；经过不同方法过油处理，原料呈金黄、红艳或润滑洁白的颜色，增添了菜肴的色泽；过油后原料形整不烂，保证了成菜的形态美观。

二、过油的种类

过油方法主要有滑油和走油两种。

1. 滑油

滑油又称划油，是指用中油量、低油温，将原料滑散成半成品的熟处理方法。

（1）操作步骤。将加工处理后的原料放入 80～110℃ 的油锅中加热，断生后捞出沥干油待用。

（2）工艺流程

原料选择⟶初加工⟶炙好锅⟶留油 $\xrightarrow{\text{油温 80～110℃}}$ 放入原料 $\xrightarrow{\text{原料抖散下锅}}$ 滑油⟶控制加热程度⟶捞出 $\xrightarrow{\text{沥干油分}}$ 备用。

（3）适用原料。滑油的原料范围较广，一般原料形状都是较小而薄的，大都要经过上浆处理，使之不与油直接接触，保持水分不易外溢，以保持其鲜香、细嫩的质感。滑油一般适用于烧、烩、熘，多用于丝、丁、片、块、条等形状的原料，如鲜熘鸡丝、鱿鱼烩肉丝、水煮鱼片等。

（4）操作要领

1）锅要炙好，以防止原料粘锅，影响成菜效果。

2）原料下油锅时注意动作。上浆的原料要抖散下锅以防粘连；原料下锅后慢慢搅动并徐徐划开、不要过快过猛，防止脱芡或形烂。

3）油温恰当、油量适中。油温为 80～110℃，过高容易使原料粘连、质老、色深等，过低容易使原料脱浆或失水过多，都会影响成菜效果。油量一般为原料的 4～5 倍，油要淹没原料，使原料受热均匀。

4）油要干净、色浅，以免影响原料颜色。

2. 走油

走油又称跑油、油炸，是指用大油量、高油温将原料炸制成半成品的预熟处理方法。由于其油温较高，能使原料定型、色美、酥脆或外酥内嫩。

（1）操作步骤。将原料初加工后，放入 140～170℃ 的油中炸制，达到所需的成熟度后捞出原料，沥干油分备用。

（2）工艺流程

原料选择⟶初加工 $\xrightarrow{\text{可码味、挂糊或直接入锅}}$ 锅中加油 $\xrightarrow{\text{旺火加热，多油量，140～170℃}}$ 放入原料 $\xrightarrow{\text{原料抖散下锅}}$ 炸制⟶控制加热程度⟶捞出⟶备用。

（3）适用原料。走油一般适用于整形的或大块的原料，如用煨、炖、蒸、焖、烧等方法烹制的整鸡、整鸭、整鱼、大块肉，制作脆皮鱼、豆瓣鲜鱼、红烧狮子头、葱烧鱼条、酥肉等。走油的原料是否挂糊则视菜肴的不同要求而定。

（4）操作要领

1）掌握好过油的火候。需要酥脆的原料过油多采用浸炸方式，需要外酥内嫩的原料多采用重油炸方式。

2）油量要多。油量多原料下锅后油温降低较少，可以保证过油的效果。

3）原料要分散下锅，防止原料粘连。原料下锅前可以拌入少许冷油，减少原料粘连。

学习单元2 走红预熟处理

菜肴的颜色是衡量菜肴好坏的标准之一。要使菜肴颜色美观，一方面，选择的原料要色彩鲜艳；另一方面，在菜肴调味调色时要注意有色调味品的合理运用。在预熟处理时，经过适当加工，就可以增加原料颜色，使菜肴色彩美观，这种预熟处理称为走红。

一、走红预熟处理概述

走红预熟处理简称走红，是对经过焯水、过油等加工的大块原料，如整鸡、整鸭以及肘子等进一步上色入味的预熟处理加工方法。

走红有以下几点作用：走红可以增加原料色彩，使原料带上金黄、橙红、浅黄等颜色；走红过程中，原料与调味品或油脂发生作用，会除去或抑制原料的异味，同时又能增加原料的鲜香味；走红时既使原料上色，同时又使原料形状得到固定，为下一步刀工或烹调做准备。

二、走红的种类

根据走红的介质不同，一般分为过油走红和卤汁走红两种。

1. 过油走红

（1）操作步骤。将经过焯水的原料按照菜肴的需要，在其表层涂抹料酒或酱油、饴糖等，下入油锅中炸制上色。如咸烧白、香糟鸡、油淋鸭等坯料，都是通过过油走红上色的。

（2）工艺流程

原料选择 $\longrightarrow$ 初加工 $\xrightarrow{\text{焯水或直接涂抹上色原料}}$ 锅中加油 $\xrightarrow{\text{旺火，多油量，140~170℃}}$ 放入原料 $\xrightarrow{\text{焯水、抹辅助上色原料}}$ 走油 $\xrightarrow{\text{一次性走油}}$ 控制加热程度 $\xrightarrow{}$ 捞出 $\xrightarrow{\text{沥干油分}}$ 备用。

（3）适用原料。一般适用于猪肉、鸡、鸭等原料，多用于制作蒸菜的上色。

（4）操作要领

1）控制好油温。控制油温是使原料上色的关键，过高或过低都会使原料色彩达不到所需要求。

2）选择好上色的原料。上色的原料多含有糖分，高温时糖分会发生焦糖化反应，从而使原料上色。不同原料的含糖量各不相同，上色效果也不同，因此要根据菜肴成菜要求选择恰当的上色原料。

3）上色的原料要涂抹均匀，防止过油时出现色彩不均匀的现象。

2. 卤汁走红

（1）操作步骤。将经过焯水或过油后的原料，浸没在按菜肴需要调和的有色卤汁中，旺火烧沸，再改用小火继续加热至原料上色。如芝麻肘子、生烧转弯、豆渣全鸭等的坯料就是经卤汁走红后再烹制成菜肴的。卤汁常添加八角、桂皮、花椒、葱、姜、糖、食盐、酱油和红曲水等调味调色原料。

（2）工艺流程

选择原料 $\longrightarrow$ 原料初加工 $\longrightarrow$ 焯水或过油 $\longrightarrow$ 调制卤汁 $\xrightarrow{\text{调好味和色}}$ 放入原料 $\longrightarrow$ 加热 $\xrightarrow{\text{旺火烧沸，改为小火}}$ 控制加热程度 $\xrightarrow{\text{原料上色适当}}$ 捞出备用。

（3）适用原料。一般适用于猪肉、蹄肘、鸡、鸭等原料，多用于制作烧菜、蒸菜的上色，原料滋味较浓厚。

（4）操作要领

1）掌握好卤汁颜色及口味。卤汁走红前应先调整好卤汁的口味及颜色，从而保证走红后符合成菜要求。同时需要注意卤汁的味感，不能过咸。

2）控制好火力。一般先用旺火烧开，再改为小火加热，使原料上色均匀，又可避免原料加热过度。

3）控制好原料成熟度。卤汁走红上色较慢，原料加热过程中会达到一定成熟度。在进行卤汁走红时，要掌握好原料成熟度，防止过熟而影响下一步的烹调。

学习单元 3　制汤

俗话说"唱戏的腔，厨师的汤"，说明了汤在烹调中的特殊地位，制汤是烹调的重要加工技法。

一、制汤概述

在传统的烹饪技艺中，汤是制作菜肴的重要辅助原料，是形成菜肴风味的重要组成部分。汤的制作考究、工艺细致、种类繁多、营养丰富、味道鲜美可口，常用于烹调菜肴的鲜味调味液、制作汤菜的底汤和作为面食的汤汁。

1. 制汤的定义

制汤又称吊汤，是用一些富含鲜味成分的动、植物性原料经水煮提取鲜汤的过程。鲜汤，常简称为汤，取自原料的天然滋味，由多种鲜味成分组合而成，鲜味醇正，具有较浓的香气，这是味精根本无法相比的。

制汤的原料有两大类，即动物性原料和植物性原料。汤又分为荤汤（动物性原料熬制）和素汤（植物性原料熬制）。制汤原料的营养成分以蛋白质、脂肪为主，其所含鲜味物质颇为复杂，包括谷氨酸、肌苷酸、鸟苷酸、酰胺等四十余种。不同原料所含呈鲜物质的主要成分不相同，如母鸡含谷氨酸多，猪肉、火腿含多种肌苷酸，用不同原料制出的汤鲜味有差异。

2. 汤的作用

（1）为菜肴提供半成品。制作菜肴时经常会使用鲜汤，特别是有些菜肴成菜后要求汤汁较多，这就更需要质量较好的鲜汤。

（2）增加菜肴鲜香滋味。有一些原料，如海参、燕窝、雪魔芋等，原料本身滋味很淡，需要用味道鲜美的汤进行煨味处理，让汤中的鲜味物质渗透到原料中去，使这些原料的味道更加鲜美。

还有一些原料，虽然有独特的鲜香滋味，但是在制作菜肴时添加适当的鲜汤，可以更加丰富原料的鲜香滋味，使成菜后达到浓香醇厚的特点，也使菜肴鲜味大大增加。

3. 汤的种类

汤的种类很多，划分的标准也有所不同，主要有：

（1）按用途分，有原汁汤和专用调味汤。

（2）按原料性质分，有荤汤和素汤。

（3）按汤的味型分，有单一味汤和复合味汤。

（4）按汤的色泽分，有清汤和奶汤。清汤口味清纯，汤清见底；奶汤口味浓厚，汤色乳白。奶汤又分为一般奶汤和浓奶汤。

（5）按制汤的工艺方法分，有单吊汤、双吊汤、三吊汤等。

4. 制汤的注意事项

要制作一份好汤，不能忽视从选料到成汤整个过程的任何一个环节。为了保证汤的质量，制汤操作时应注意以下几点：

（1）制汤原料选择恰当。汤的质量优劣，首先受制汤原料质量好坏的影响。制汤原料要求富含鲜味物质、胶原蛋白，脂肪含量适中，无腥膻异味等。不使用易使汤汁变色的原料，如八角、桂皮、丁香等。

（2）投料水温及水量选择准确。投料的水温关系到原料所含物质渗透的速度和程度。一般来说，熬制鲜汤应采用冷水下料，水量一次加足，逐步升温，使汤料中的浸出物在表面受热凝固缩紧之前较大量地渗透出来进入水中，并逐步形成较多的毛细通道，从而提高汤汁的鲜味程度。若采用沸水放入原料，原料表面骤然受热，表层蛋白质变性凝固、组织紧缩，在原料表面形成一层保护层，不利于内部浸出物的溶出，汤料的鲜美滋味就难以得到充分体现。

水量一次加足，可使原料在煮制过程中受热均衡，以保证原料与汤汁进行物质交换的毛细通道畅通，便于浸出物持续不断地溶出。若中途添水，尤其是加凉水，会打破原来的物质交换的均衡状态，减缓物质交换速度，使变性蛋白质等物质的一些毛细通道堵塞，阻止鲜味物质的渗出，从而降低汤汁的鲜味程度。

（3）火候控制得当。制汤时应根据奶汤与清汤要求的不同，采用不同的火候。熬制奶汤，要求采用旺火烧开，用中火保持沸腾，一直熬制到汤味鲜美、汤色乳白。这样既可以使原料所含的物质尽量渗透出来，又可以较好地产生乳化现象，并和蛋白质聚集形成白色的汤汁，同时又不至于因火力过大而使水分蒸发过快。熬制清汤，一般采用旺火烧开，小火保持微沸加热到所需程度。采用旺火烧开，一是为了节省时间，二是通过水温的快速上升，加速原料中浸出物的溶出，并使溶出通道稳固下来，有利于在小火煮制时毛细通道畅通，溶出大量的浸出物。小火保持微沸，是提高汤汁质量的火候保证。在此状态下，汤水流动有规律，原料受热均匀，便于物质交换。如果水剧烈沸腾，则原料受热不均匀（气态水接触处热流量较小，液态水接触处热流量较大），不利于原料煮烂，又不便于物质交换，还会使汤水快速大量气化、香气大量挥发，严重影响汤汁的质量。

（4）正确掌握调料投放时机。制汤原料如鸡、猪肉、鱼等，虽富含鲜香成分，但也带有不同程度的异味。制汤时应尽量除其异味，增其鲜香，在熬制时放入葱、姜、料酒等去异味、增鲜香，这些调味原料应在制汤原料入锅后即放入，尽量达到除异增香的效果。

熬制清汤时有的会用葱头、胡萝卜、芹菜等含有挥发油和香气成分的原料，为了避免这些挥发成分过早挥发掉，影响汤的风味，在清汤煮好前一定时间放入，使原料香味溶入汤中不至于挥发。

熬汤要特别注意食盐的投放，在熬制鲜汤的过程中一般不要投放，因为食盐是强电解质，进入水中便会全部电离成氯离子和钠离子，而氯离子和钠离子能促进蛋白质的凝固，过早投放，会使原料表层蛋白质凝固形成一层较致密的膜状结构，妨碍浸出物的溶出，影响鲜味的形成，这对熬制鲜汤非常不利。

（5）注重熬汤技巧。动物性原料熬汤前一般需要进行沸水锅焯水处理。熬制鲜汤时，在汤的表面会逐渐出现一层浮油，不要撇尽汤面的浮油，在微沸状态下，浮油层比较完整，起着防止汤内香气外溢的作用。很多香气成分为脂溶性物质而溶于浮油中，当浮油被乳化时，这些香气成分便随之分散于汤中，油脂乳化还是奶汤乳白色泽形成的关键。熬制时一般还需要加盖熬制，以防止汤汁香气外溢。

二、制作基础汤

基础汤是将含丰富蛋白质、胶质物的动物性原料放入锅中加水熬煮，使原料的营养成分溶于水中，成为营养丰富、滋味鲜醇的汤汁。基础汤广泛用于各种菜肴制作，也是制作汤菜的基础原料。

1. 原料

汤料：常用猪骨（尤其是棒子骨）、头蹄下水、剔肉后的鸡鸭骨架、碎肉等，标准高的可放些猪肉、鸡肉、鸭肉。

辅料：姜片、葱段、清水、料酒等。

2. 制作方法

汤锅中放入清水，冷水投入汤料，大火烧开，撇去血沫，加姜片、葱段、料酒等，改用小火慢煮出鲜味。

3. 制作要领

（1）原料必须新鲜且无腥膻。汤的好坏取决于制汤原料的好坏，不能使用不新鲜的畜、禽、鱼肉原料，也尽量不使用腥膻气味较浓和有异味的原料。各种原料下锅前必须刮洗干净，或焯水去血污。

（2）汤料冷水下锅，中途不宜添水。冷水下锅可以使原料中的鲜味物质和营养物质尽量多地溶入汤中，使汤味鲜美、营养丰富。如果中途加水，汤料表层蛋白质在高温情况下会突然受冷收缩，也会影响内部营养物质的分解溶化。

（3）大火烧开、小火慢煮。旺火烧开促使汤料中的杂质血污凝结上浮便于去除。汤料中营养物质随水温上升逐渐溶解溢出，较长时间用小火保持适宜的温度可使鲜味物质和营养物质充分溢出。

（4）调味品投放适时适量。熬制基础汤时都不加盐。过早加盐，因为盐渗透到汤料中会使汤料自身的水分排出，从而使蛋白质凝固不易溶解到汤中，降低汤的鲜味。

（5）投放姜、葱、胡椒等调味品要适量，过早过多则会影响汤本身醇正的鲜香味。

综合实训

一、过油预熟处理训练

实训任务：通过过油预熟处理训练，掌握滑油与过油的操作过程及操作要领。

操作准备：

（1）原料的准备：猪里脊肉300 g、全蛋淀粉300 g、食盐4 g、食用油1 000 g（约耗100 g）。

（2）工具的准备：炉灶、炒锅、手勺、漏勺、切刀、大碗、盘等。

☛ 操作步骤：

- 步骤1：刀工、码味、挂糊。将猪里脊肉洗净，切成长5 cm、粗1 cm的条状，加食盐腌渍，挂全蛋淀粉糊，分成两等份。
- 步骤2：温油炸制。其中一份采用滑油，即炒锅内放入食用油，烧至100℃，将第一份挂糊的里脊肉放入，保持100℃油温加热，40秒钟捞出装入盘中。
- 步骤3：高温炸制。另外一份采用过油，即炒锅内放入食用油，烧至180℃，将第二份挂糊的里脊肉放入，保持180℃油温加热，40秒钟捞出装入盘中。
- 步骤4：比较分析。比较两种油温加热原料后的口感、颜色等，分析原因。

二、过油走红训练

实训任务：通过对抹有不同调色原料的带皮五花肉过油走红的训练，掌握过油走红的操作要领及注意事项。

☛ 操作准备：

（1）原料的准备：带皮五花肉300 g、酱油5 g、料酒5 g、糖色5 g、食用油1 000 g（约耗25 g）。

（2）工具的准备：炉灶、炒锅、手勺、漏勺、切刀、大碗、盘等。

☛ 操作步骤：

- 步骤1：抹上色调味品。将带皮五花肉煮熟，切成三块，趁热分别抹上酱油、料酒、糖色。
- 步骤2：炸制。炒锅内放入食用油，烧至180℃，分别将抹上酱油、料酒、糖色的五花肉放入油中炸制30秒钟捞出。
- 步骤3：比较分析。比较抹三种调色料后炸制，原料表面的颜色有何不同，分析原因。

三、卤汁走红训练

实训任务：通过对鸡翅的卤汁走红训练，掌握卤汁走红的操作要领及注意事项。

☞ 操作准备：

（1）原料的准备：鸡翅 150 g、食盐 20 g、料酒 10 g、香料（八角、桂皮、小茴香、花椒等）10 g、鲜汤 500 g、食用油 10 g、白糖 50 g、清水 150 g。

（2）工具的准备：炉灶、汤锅、炒勺、手勺、漏勺、大碗、盘等。

☞ 操作步骤：

• 步骤 1：制糖色。炒勺洗净置于火上，留食用油 10 g，放入白糖 50 g，小火加热并不断搅动，使白糖慢慢融化，继续加热，产生大量深棕色气泡，待气泡减少并冒青烟时，迅速倒入清水 150 g，大火煮沸取出即成糖色。

• 步骤 2：调制卤汁。汤锅置于火上，掺入鲜汤，放入香料、食盐、料酒、糖色，烧沸后观察卤汁的颜色及味道。

• 步骤 3：卤汁走红。将鸡翅放入卤汁中小火煮 15 分钟捞出装入盘中晾凉。

四、基础汤的制作训练

实训任务：通过对基础汤熬制过程的训练，掌握基础汤的熬制过程及操作要领。

☞ 操作准备：

（1）原料的准备：猪棒子骨 500 g、头蹄下水 250 g、剔肉后的鸡鸭骨架 250 g、清水 3 000 g。

（2）工具的准备：炉灶、汤锅、汤盆、汤勺、漏勺等。

☞ 操作步骤：

• 步骤 1：原料焯水。将制汤的原料分别放入沸水锅中进行焯水。

• 步骤 2：熬制基础汤。锅置于火上，放入清水，再放入原料，旺火烧沸，去浮沫，将原料与汤汁一起分成两份，备用。

• 步骤 3：控制火候。第一份一直保持旺火熬制 30 分钟取出装入汤盆中；第二份熬制时采用小火，保持汤面微沸，熬制 30 分钟取出装入汤盆中。

• 步骤 4：比较分析。对两份熬制好的汤品从颜色、香味、黏浓度等多方面进行比较，记录并分析原因。

菜肴制作

- 课程 4-1　临灶操作
- 课程 4-2　热菜制作
- 课程 4-3　冷菜制作

课程设置

课程	学习单元	课堂学时
4-1 临灶操作	（1）火候概述	1
	（2）勾芡技术	1
4-2 热菜制作	（1）以水为传热介质的烹调方法	6
	（2）以油为传热介质的烹调方法	6
	（3）以汽为传热介质的烹调方法	2
4-3 冷菜制作	（1）热制冷食菜肴的制作	6
	（2）拼盘的制作	6

课程 4-1 临灶操作

学习内容

学习单元	课程内容	培训建议	课堂学时
（1）火候概述	1）火候的概念 2）火候的要素 3）火候的运用	（1）方法：讲授法、演示法 （2）重点：火候的要素 （3）难点：火力调控	1
（2）勾芡技术	1）勾芡的作用 2）勾芡的方法 ①芡汁的调制 ②勾芡的手法 3）勾芡的技术要求	（1）方法：讲授法、演示法 （2）重点：勾芡的方法 （3）难点：勾芡的技术关键	1

学习单元 1　火候概述

灵活掌握火候是中式烹调师的一项重要基本功。由于菜肴原料质地、形态各异，成品要求也各不相同，因此烹调时必须运用不同火力，掌握不同加热时间，才能烹制出色、香、味、形俱佳的菜肴。

一、火候的概念

火候就是根据烹调原料的性质、形态和烹调方法及食用要求，通过一定的烹制方法，在一定时间内使烹饪原料吸收足够的热量，从而发生适度变化后所呈现出的改变程度。对于火候，我们需要从以下几个方面理解。

（1）一般情况下所说的火候，指的是"最佳火候"，即把烹饪原料烹制到最理想的程度。所谓理想程度，有内外两层意思：就外在来说，就是多少原料需要多少热量，达到多高的温度，才能制熟烹饪原料，这一程度是可以精确计算出来的，如现在的微波烹饪、红外线烤箱烹饪等；内在的程度则是指，通过加热把烹饪原料烹制得鲜美香嫩、恰到好处，这是烹制工艺的最高要求，也是最难把握的。

（2）烹调中的火候有三个层次的意义，它们分别由热源、传热介质和烹饪原料三者通过一定的表现形式呈现出来。对热源而言，火候就是热源在一定时间内向原料或传热介质提供的总热量，它由热源的温度或其在单位时间内产生热量的大小和加热时间的长短决定；对传热介质而言，火候就是传热介质在一定时间内产生的总热量，它由热源及传热介质的种类、数量、温度和原料的加热时间所决定；对烹饪原料而言，火候就是原料达到烹饪要求时所获得的总热量，它由热源、传热介质、原料本身的状况及受热时间所决定。

（3）对于一定种类、一定数量的烹饪原料，或一个菜肴来说，它的烹制质量都有一个标准，因此，其应达到的"火候"就是一个定值。一般情况下，加热时间长，热源（或传热介质）的温度（火力）就应低（小）；反之，热源（或传热介质）的温度高（或火力大），加热时间就短。火候的掌握关键是找出时间与热源温度（火力）的比例关系。

（4）火候是以原料感官性状的改变而表现出来的，火候的表现形态是人们判断火候的重要依据。因为原料在受热过程中，内部的各种变化都会由色泽、香气、味道、形状、质地的改变反映出来，其中最核心的是口感的变化程度。原料受热口感的变化是一个动态过程，从生到刚熟、再到成熟、到熟透以至于发生解体、干缩、焦煳。不同的菜肴，火候要求不同，每类菜肴都有自己的标准，如爆炒菜，口感要求脆爽、细嫩；烧菜、蒸菜、卤菜要熟软，这些特点在制作中应通过经验判断和感官鉴别体现出来。

二、火候的要素

火候的运用和把握离不开热源在单位时间的发热量、传热介质和加热时间，这三者是构成火候的基本要素。

1. 热源的发热量

热源发热量既包括炉口火力（即燃料燃烧时在炉口或加热方向上的热流量），也包括电能在单位时间内转化为热能的多少。炉口火力的大小受燃料的固有品质、燃烧状况、火焰温度以及传热面积、传热距离等因素的影响，火力的大小仍然靠经验判断。电能转化热量的多少则主要由加热设备所控制，可以通过设备上的调控部件来调节。

2. 传热介质的温度

热媒温度即原料在烹饪时受热环境的温度。热源释放的能量通常要通过热媒的载运才能直接或转换后作用于原料，要使原料在一定的时间内获取足够的热量而发生适度的变化，一般都要求热媒必须具有适当的高温度。如上浆原料的滑油，油温要求保持在90～140℃，否则可能脱浆，或者原料表层发硬、质地变老。

3. 加热时间

原料在烹制过程中受热能或其他能量作用的时间长短，也是火候的要素之一。热媒温度的高低能够决定热媒与原料之间传热时热流量的大小，而不能确定原料吸收热量的多少。一定温度的热媒或微波只有经过一定的加热时间，才能保证原料获取足够的热量而达到规定的火候。

4. 火候各要素之间的相互关系

火候三要素在烹制工艺中相互联系、相互制约，构成若干种火候形式，不同的火候形式又具有不同的功效。如果把它们粗略地划分为三个档次，热源发热量分为大、中、小，热媒温度分为高、中、低，加热时间分为长、中、短，那么从理论上讲就可以得到 27 种不同的火候形式，也就是 27 种不同的火候功效。在实际烹制工艺中，火候各要素的档次划分远不止三个，按原料形状和烹调要求的不同，所组成的火候形式难以计数，而这正是中式烹调的火候微妙之处。

三、火候的运用

火候的运用具体体现在火候的调控上，火候的调控应掌握下列基本原则。

1. 根据加热前原料的性质调控火候

原料的品种、部位、形态、含水量等都不尽相同，要根据具体情况，灵活掌握。

2. 根据传热介质的传热效能调控火候

不同的传热介质，其传热效能各不相同，而传热效能直接影响原料的受热情况以及成熟速度，所以火候的调控要根据传热介质的不同区别对待。

3. 根据不同的烹调方法调控火候

不同的烹调方法有不同的火候要求，例如爆、炒要求旺火速成，焖、烧要求中火较长时间加热。

4. 根据原料在加热过程中的变化情况调控火候

原料在加热过程中的火候掌握，通常是根据其所发生的变化进行调控。如原料的软硬度、色泽度、浓缩度、断生度、生熟度等的变化，尤其是瞬间的变化更为重要。

5. 根据菜肴的质量要求和饮食习俗调控火候

火候的调控必须保证菜肴的质量，就是要保证菜肴色泽美观，香气浓郁，入味充分，形态美观，质感可口。另外不同地域、不同饮食习俗对原料成熟度的要求也大不一样，火候运用应以人为本、因人而异。

学习单元 2　勾芡技术

勾芡是在菜肴即将成熟时，将调好的粉汁淋入锅内，使汤汁浓稠，增加汤汁对原料的附着力，改善菜肴光泽和味道的一项技术，也是中式烹调师必须掌握的一项技术。

一、勾芡的作用

勾芡的作用主要是使汤汁浓稠，融合汤和菜，改善口感，添色增亮，减少营养素损失。

1. 使汤汁浓稠

一般来说，菜肴原料在烹调时总要加入一些鲜汤、液体调味品或水，原料受热后也有一些液体流出来，这些汁水汇合成了汤汁。由于汤汁过于稀薄而不能附着于原料上，因而给人以"不入味"的感觉。在汤汁中勾芡后，淀粉的糊化作用增加了菜肴汤汁的黏稠度和浓度，从而形成了菜肴的芡汁。这些芡汁不但能较多地包裹在菜肴原料上，而且还能使菜肴的滋味更加鲜美。

2. 融合汤、菜

汤汁较多的汤羹类菜肴，主辅原料往往会离析于汤汁当中，使汤、菜分离。如果在汤汁中勾芡，其浓度增加，就会与主辅原料很好地交融在一起，达到保鲜增味的目的。

3. 改善口感

勾芡能使菜肴的汤汁黏度增大，从而形成一种全新的口感。

4. 添色增亮

菜肴的芡汁有很多种颜色，这些芡汁包裹于菜肴原料表面，使菜肴的色泽五彩缤纷。

5.减少营养素损失

菜肴的芡汁,一般是菜肴原料在加热过程中所形成的汤汁经过勾芡后形成的。溶于汤汁中的各种营养素,随着糊化的淀粉一起附着在菜肴原料表面,减少了营养素的损失。

二、勾芡的方法

1.芡汁的调制

用于勾芡的汁液主要有兑汁芡和跑马芡两种。

兑汁芡又称混合粉汁、调味粉汁、碗汁芡,就是在烹调前(或烹调过程中)先把菜肴所需要的各种调味品和水淀粉、鲜汤(或水)放入碗中调匀,再与烹饪原料和匀,旺火速成的一种芡汁。多用于爆、炒、熘等旺火速成的烹调方法。

跑马芡又称单纯粉汁芡、水粉芡,就是用淀粉加水调匀而成的粉汁,待菜肴即将成熟时,将水粉汁淋入锅中,待淀粉完全糊化即成。主要用于烧、扒、烩等烹调方法。

2.勾芡的手法

(1)翻拌法。翻拌法是通过翻锅或炒拌,使芡汁均匀地粘裹在原料上的方法。具体有两种,一种是待锅内菜肴即将成熟时淋入粉汁,再翻锅或炒拌;另一种是先将调好的粉汁下入锅内,待淀粉糊化后,再下原料翻炒均匀。

(2)推搅法。推搅法多用于烧、烩等方法烹制的菜肴。就是将粉汁淋入锅内,用手勺推动或搅动,使其与汤汁原料融合。

(3)浇淋法。此法适用于体形较大或要保持其形态的菜肴。就是先把烹制好的原料盛入盘中,再把锅中汤汁勾芡后均匀地浇淋在原料上。

三、勾芡的技术要求

1.掌握好勾芡粉汁的浓度和用量

一般来说,勾芡所用的粉汁浓度和用量要视锅中原料的多少与种类而定。原料少,芡汁的浓度要小且用量也少；原料多，芡汁的浓度大而且用量要多。在同一菜肴中，用不同的淀粉勾芡，用量也是不同的。一般的规律是勾芡时淀粉用量与原料数量、含水量呈正比，与火候的大小及淀粉的黏度、吸水性呈反比。

2. 准确把握勾芡的时机

勾芡必须要在菜肴原料即将达到火候要求时进行，勾芡过早或过迟都会影响菜肴的质量。勾芡过早，菜肴原料还未成熟，继续加热，原料在锅内停留过久，粉汁就容易焦苦变味，失去光泽；勾芡过迟，菜肴原料已经完全成熟，勾芡后还要因等待粉汁糊化而继续加热，造成菜肴原料受热时间过长变得老硬，失去脆嫩质感。

3. 恰当控制勾芡的火候

在勾芡过程中，由于粉汁的加入会使锅内菜肴汤汁的温度下降，要使淀粉颗粒达到完全糊化，必须提高锅内温度。因此，粉汁入锅后，一定要及时升温，并辅以搅拌或晃推等手段，使淀粉颗粒在菜肴汤汁中迅速分散，均匀受热，并使芡汁均匀包裹在菜肴原料上，或者使菜汤交融。

4. 把握好锅中的油量

在菜肴勾芡时，锅内菜肴的油量不宜过多，否则勾芡后菜肴的汤汁不易包裹住原料，菜肴的汤汁也不易完全融合。对于某些菜肴因制作需要而要加入油的，可以等锅内淀粉完全糊化后，再沿着锅边加入适量的烹调用油。

5. 根据烹调方法和菜肴质量的要求，灵活运用勾芡技术

不同的烹调方法、不同的菜肴适用于不同的勾芡手法，在实际运用过程中要灵活掌握。例如翻拌法适用于炒、爆类菜肴，浇淋法适用于扒制类菜肴，推搅法适用于烩制类菜肴等。

▥ 综合实训

勾芡操作技能训练

实训任务：调制兑汁芡和跑马芡，掌握芡汁调制技巧及运用方法。

📣 操作准备：

（1）原料的准备：猪里脊肉 300 g、姜 30 g、蒜 30 g、淀粉 55 g、食盐 7 g、味精 6 g、料酒 5 g、食用油 75 g、鲜汤 235 g 等。

（2）工具的准备：炉灶、炒锅、手勺、漏勺、料碗、汤碗、盘等。

📣 操作步骤：

• 步骤 1：原料初加工。猪里脊肉切成长方形薄片，加食盐、料酒、水淀粉码味上浆，再放入沸水中焯水致熟，捞出备用。姜、蒜洗净，切成指甲片。

• 步骤 2：调制兑汁芡。先将食盐、味精、水淀粉、鲜汤兑成调味芡汁。炒锅里放油烧至 140 ℃，下姜片、蒜片炒香，放入肉片，加入兑好的调味芡汁，汁浓稠后起锅装入盘中。

• 步骤 3：调制跑马芡。炒锅里放油烧至 140 ℃，下姜片、蒜片炒香，放入肉片，掺入鲜汤，加食盐、味精，和匀后，加入水淀粉，汁浓稠后起锅装入盘中。

• 步骤 4：比较分析。观察兑汁芡与跑马芡制作的菜品成菜后的特点，比较兑汁芡与跑马芡的成菜效果。分析不足，找出改进的方法。

课程 4-2 热菜制作

学习内容

学习单元	课程内容	培训建议	课堂学时
（1）以水为传热介质的烹调方法	1）烩 ①烩的概念 ②烩的类型 ③烩的工艺流程 ④烩的技术关键 ⑤菜肴实例	（1）方法：讲授法、演示法 （2）重点：不同烹调方法 （3）难点：代表菜例的掌握	6

续表

学习单元	课程内容	培训建议	课堂学时
（1）以水为传热介质的烹调方法	2）焖 ①焖的概念 ②焖的类型 ③焖的工艺流程 ④焖的技术关键 ⑤菜肴实例 3）涮 ①涮的概念 ②涮的工艺流程 ③涮的技术关键 ④菜肴实例	（1）方法：讲授法、演示法 （2）重点：不同烹调方法 （3）难点：代表菜例的掌握	6
（2）以油为传热介质的烹调方法	1）熘 ①熘的概念 ②熘的类型 ③熘的工艺流程 ④熘的技术关键 ⑤菜肴实例 2）爆 ①爆的概念 ②爆的类型 ③爆的工艺流程 ④爆的技术关键 ⑤菜肴实例 3）煎 ①煎的概念 ②煎的工艺流程 ③煎的技术关键 ④煎的成菜特点 ⑤菜肴实例 4）炒 ①炒的概念 ②炒的类型 ③炒的工艺流程 ④炒的技术关键 ⑤菜肴实例	（1）方法：讲授法、演示法 （2）重点：不同烹调方法 （3）难点：代表菜例的掌握	6

续表

学习单元	课程内容	培训建议	课堂学时
（3）以汽为传热介质的烹调方法	蒸 ①蒸的概念 ②蒸的类型 ③蒸的工艺流程 ④蒸的技术关键 ⑤菜肴实例	（1）方法：讲授法、演示法 （2）重点：蒸的类型 （3）难点：蒸的火候	2

■ 学习单元 1　以水为传热介质的烹调方法

利用水或汤汁为主要传热介质，使原料受热成熟成菜的烹调方法称为以水为传热介质的烹调方法。在行业中，以水为传热介质的常见烹调方法主要有烧、扒、焖、烩、炖、涮等。中式烹调师在中级阶段要求掌握烩、焖、涮的烹调方法。

一、烩

1. 烩的概念

烩是将几种初步熟处理后的鲜嫩、小型原料，入锅加汤及调味品，中火、短时间加热至成熟入味，勾以薄芡，成品汤汁较宽的烹调方法。

烩的成菜特点是用料多样、菜汁合一、色泽鲜艳、清淡鲜香、滑嫩爽口。

2. 烩的类型

烩的烹调方法根据不同的分类标准可以分成不同的类型。根据成菜色泽的不同，可分为红烩、白烩和黄烩三种；根据是否勾芡，可分为清烩和浓烩两种。不管哪种烩制，其工艺流程相似，技术关键基本相同。不同之处在于成菜后颜色有所差别，以及根据成菜的要求，选择成菜前是否勾芡。

3. 烩的工艺流程

选料——→切配——→初步熟处理——→炝锅——→烩制——→装盘成菜。

4. 烩的技术关键

（1）原料要求鲜香、细嫩、易熟。

（2）刀工处理以小型为主，且要形状一致。

（3）初步熟处理的原料，经焯水或滑油断生即可。

（4）烩菜是一种汤汁较多的菜肴，汤菜各半，烩制时要用好的鲜汤，尤其是高档原料，要用高汤，不可用清水代替。

（5）烩制时的火力以中火为宜，尽量缩短成菜时间，保证原料的质感、色泽和鲜香味。

（6）掌握好投料的顺序。

（7）烩菜可以不勾芡，也可以勾芡，勾芡的芡汁属于薄芡，不宜过浓。

5. 菜肴实例

【实例　烩鸡丝】

（1）原料组成

主料：鸡脯肉 200 g、熟火腿 50 g、冬菇 50 g、竹笋 50 g。

辅料：葱丝 10 g、姜丝 10 g、食用油 500 g（约耗 30 g）、鲜汤 500 g、水淀粉 25 g。

调料：食盐 3 g、味精 2 g、酱油 2 g、料酒 5 g、香油 2 g。

（2）制作过程

1）将鸡脯肉切成长 6 cm、粗 0.25 cm 的丝，加食盐 1 g、料酒 2 g、水淀粉 10 g 腌渍上浆，放入 140℃ 的油中滑熟备用。

2）熟火腿、冬菇、竹笋均切成长 6 cm、粗 0.2 cm 的丝。冬菇丝、竹笋丝入沸水锅焯水捞出。

3）锅内留20 g食用油烧至150℃，加葱丝、姜丝炝锅，再加入鲜汤，加火腿丝、冬菇丝、竹笋丝，调入食盐、味精、料酒、酱油烧开，用水淀粉勾成薄芡，放入鸡丝搅匀，淋上香油，装入汤碗内。

（3）成菜特点。半汤半菜，银红色，口味咸鲜。成品如图4-2-1所示。

图4-2-1 烩鸡丝

二、焖

1. 焖的概念

焖是将经初步熟处理的原料加汤及调味品后盖上锅盖，用中、小火较长时间加热至酥烂入味成菜的一种烹调方法。

焖的成菜特点是色泽深红、汁浓味醇、质地松软酥烂。

2. 焖的类型

焖的烹调方法在行业中有多种分类方法，根据色泽不同可分为红焖、黄焖两种，根据预熟方法不同可分为原焖和油焖两种。无论哪种焖制，其方法都是相通的，主料都不挂糊上浆，掺汤后加盖再长时间加热至所需的成熟度，大多数制品成熟后不需要勾芡，采用自然收汁的方法使汤汁浓稠。

3. 焖的工艺流程

切配──→初步熟处理──→爆锅──→掺汤调味──→入主料──→焖制──→装盘成菜。

4. 焖的技术关键

（1）初步熟处理时要掌握好原料的火候和色泽。

（2）控制好添汤的量和焖制的时间。

（3）掌握好成菜的口味和色泽。

（4）焖制菜肴一般不勾芡，可依靠小火长时间加热形成较浓稠的汤汁。

5. 菜肴实例

【实例1　红焖鱼】

（1）原料组成

主料：新鲜鲈鱼一条（约750 g）。

辅料：香菜段5 g。

调料：面酱25 g、酱油15 g、食盐1 g、料酒10 g、白糖5 g、味精2 g、香油3 g、葱段20 g、姜片20 g、花椒5 g、八角5 g、食用油500 g、鲜汤500 g。

（2）制作过程

1）将鱼初加工好，洗净，剞上十字花刀，抹上面酱。

2）锅内加食用油烧至200℃左右，放入鱼炸成枣红色，捞出控油。

3）锅内加食用油烧热，加入葱段、姜片、花椒、八角煸出香味，捞出，烹上料酒、酱油，加入鲜汤，调好口味，放入炸好的鱼，盖上锅盖。用中小火焖至熟透，大火收稠汤汁，装盘，撒上香菜段，淋上香油。

（3）成菜特点。色泽红亮，口味咸鲜，酱香浓郁。成品如图4-2-2所示。

图 4-2-2　红焖鱼

【实例 2　黄焖鸡翅】

（1）原料组成

主料：鸡翅 350 g。

调料：食盐 2 g、酱油 10 g、料酒 5 g、味精 2 g、香油 2 g、鲜汤 500 g、葱段 10 g、姜片 10 g、花椒 5 g、大料 5 g、食用油 500 g。

（2）制作过程

1）将鸡翅洗净，入冷水锅中焯水，捞出控干水分。

2）锅内加食用油烧热，加葱段、姜片、花椒、大料煸出香味，掺鲜汤，加食盐、酱油、料酒，调好口味和颜色，大火烧开，撇尽浮沫，盖上锅盖。小火焖至鸡翅熟烂，揭盖后用大火收汁至汁浓，加味精、香油装盘。

（3）成菜特点。色泽黄亮，鲜香浓郁。成品如图4-2-3所示。

图 4-2-3　黄焖鸡翅

三、涮

1. 涮的概念

　　涮是在涮锅里倒入特制鲜汤、奶汤烧沸，将切配好的鲜嫩、小型原料放入滚开的汤中短时间加热至熟，随即蘸上调味品食用，或者直接食用的一种烹调方法。涮的特点是选料广泛、用料多样、调料多样、质地鲜嫩、营养丰富，食用者可以根据自己的爱好和口味灵活掌握火候和调味。

2. 涮的工艺流程

　　选择原料──→初加工──→冷冻切片──→组合调辅料──→涮──→食用。

3. 涮的技术关键

　　（1）选料是做好涮菜的基础。适用于涮的主料要求鲜嫩易熟，例如羊肉、猪肉、鸡肉、腰片、毛肚、虾仁、鲜贝、牡蛎等。辅料主要有粉丝、木耳、豆腐、青菜、香菇、蘑菇、葱花、香菜等。调料主要有芝麻酱、辣椒油、卤虾油、腌韭菜花、醋、豆腐乳等。

　　（2）涮的过程中要随时添汤，保持涮锅中的汤量。

　　（3）根据个人爱好掌握好火候，以确保成品的成熟度。

（4）佐食调味料要品种齐全、风味多样，以满足不同食用者的喜好。

（5）涮的过程中可放入青菜、粉丝、酸菜等辅料，既可解腻，又可起到荤素搭配的作用。涮肉的鲜汤可煮面条或饺子食用。

4. 菜肴实例

【实例　涮羊肉】

（1）原料组成

主料：羊肉片 500 g。

辅料：水发粉丝 150 g、冻豆腐 150 g、水发冬菇 100 g、金钩 30 g、青菜 250 g、面条 150 g。

调料：米醋 75 g、辣椒油 100 g、腌韭菜花 50 g、卤虾油 100 g、芝麻酱 100 g、豆腐乳 50 g、食盐 50 g、香油 25 g、鲜汤 1 500 g、葱花 100 g、香菜 50 g。

（2）制作过程

1）准备好主料、辅料和调味料。

2）食用前，食用者用小碗自己调制蘸食的调味品。可根据个人喜好适量调配。喜食辣者可酌加辣椒油，喜食海味者可加卤虾油。

3）涮锅中加入鲜汤烧开，取适量的羊肉片下入汤中，在沸汤中涮两三下，肉片变灰白时即可夹出，蘸调味品食之。辅料中的水发粉丝、水发冬菇、冻豆腐等可与羊肉相间涮食，金钩可增加汤的鲜味，面条可在涮肉结束之后，利用锅中鲜汤煮之，以碗内调料拌食。

（3）成菜特点。主、辅、调料多样，从调味到涮食，均由食者自理，荤素搭配，菜肴、主食兼备，别有一番风味。

学习单元2　以油为传热介质的烹调方法

以油为主要传热介质使原料受热成熟成菜的烹调方法称为以油为传热介质的烹调方法。主要有炸、炒、熘、爆、煎等烹调方法。中式烹调师在中级阶段要求掌握熘、爆、煎、炒的技法。

一、熘

熘是指原料经过预熟处理后，粘裹或浇淋上调制的芡汁成菜的一种烹调方法。包括滑熘、软熘、炸熘三种方法。中式烹调师在中级阶段要求掌握滑熘、软熘和中等难度的炸熘技法。

不同的熘制方法，工艺流程与技术关键有较大差异，下面分别讲解。

1. 滑熘

（1）滑熘的概念。原料切配成型，先经上浆滑油，再烹入芡汁成菜的烹调方法。

（2）滑熘的工艺流程

选料──切配──腌渍、上浆──主料滑油断生──另起锅煸炒辅料──放入主料──烹入芡汁──收汁装盘成菜。

（3）滑熘的技术关键

1）原料宜加工成丝、条、片、丁等小型形状，便于入味成熟。

2）滑熘类原料均需上浆，应严格按照上浆的要求操作。

3）滑油时要根据菜肴的色泽选择适当的食用油，特别是色白的菜肴。油温控制在80~140℃。

4）芡汁应是流芡，给人柔软之感，芡汁不能紧而厚。

5）腌渍入味不能过咸或过淡，以咸鲜味为主。

（4）菜肴实例

【实例　滑熘鱼片】

1）原料组成

主料：净鱼肉 300 g。

辅料：水发木耳 5 g、冬笋 5 g、青菜 10 g、蛋清淀粉 25 g。

调料：马耳朵形葱 5 g、蒜片 5 g、食盐 3 g、味精 2 g、料酒 3 g、香油 2 g、水淀粉 20 g、鲜汤 150 g、食用油 750 g（约耗 50 g）。

2）制作过程

①冬笋切成片，木耳撕成小朵，将木耳、冬笋片、青菜焯水，捞出控干水分。净鱼肉斜刀片成薄片，加食盐、料酒、味精、蛋清淀粉腌渍上浆，放入 100℃左右的油中，滑油至嫩熟，捞出备用。

②锅内加食用油烧热，加马耳朵形葱、蒜片炝锅，加鲜汤，加木耳、冬笋片、青菜和匀，烹入料酒、食盐、味精烧开，用水淀粉勾薄芡，将鱼片倒入锅内和匀，淋入香油盛出。

3）成菜特点。咸鲜滑嫩，色泽洁白。成品如图 4-2-4 所示。

图 4-2-4　滑熘鱼片

2. 软熘

（1）软熘的概念。质地软嫩的原料经蒸、煮或氽熟，再浇汁成菜的烹调方法。

（2）软熘的工艺流程

刀工处理——→初熟处理（蒸、煮或氽）——→捞出装盘——→调制芡汁——→浇淋于原料装盘成菜。

（3）软熘的技术关键

1）选料应以柔软细嫩、新鲜的原料（如鱼类）为主，流质原料如蛋、奶也可。

2）初熟处理时要掌握原料的成熟度。

（4）菜肴实例

【实例　白汁鱼卷】

1）原料组成

主料：净鱼肉 250 g。

辅料：猪瘦肉 100 g、青笋丝 10 g、火腿丝 10 g。

调料：食盐 3 g、味精 3 g、料酒 5 g、香油 5 g、葱花 10 g、姜末 5 g、水淀粉 10 g、鲜汤 20 g。

2）制作过程

①将净鱼肉平刀片成长方片，加食盐、味精、料酒腌渍入味。猪瘦肉剁细，加葱花、姜末、食盐、味精、料酒、鲜汤调匀成猪肉馅。

②将猪肉馅放入鱼片一端，卷紧制成鱼卷，摆入盘中，入蒸锅中蒸至嫩熟。

③将盘中的汁倒入锅中，加鲜汤、火腿丝、青笋丝，调好口味，烧开，用水淀粉勾薄芡，淋香油起锅，浇在鱼卷上。

3）成菜特点。口味咸鲜，质感软嫩。成品如图 4-2-5 所示。

图 4-2-5　白汁鱼卷

3. 炸熘

（1）炸熘的概念。是指原料加工成型，腌渍入味，炸制后再浇淋或粘裹芡汁成菜的烹调方法。

（2）炸熘的工艺流程

选料──→切配──→腌渍入味──→挂糊（拍粉）──→炸制──→兑汁熘制──→浇淋或粘裹装盘成菜。

（3）炸熘的技术关键

1）刀工规格要一致，使炸制时受热均匀，成熟度和色泽一致。

2）腌渍入味时以基本咸味为准，不宜过咸，经过挂汁才能完全够味，主料的口味和汁的口味要配合好。

3）糊的厚薄应适当，太厚或太薄都会影响成品质量，拍粉应现拍现炸。

4）掌握好油温，炸至酥脆或外酥里嫩。

5）兑汁熘制时，无论是咸鲜、糖醋还是鱼香味，都要求调味品比例适当。淀粉的用量要适当，保证芡汁的浓稠度，配合明油效果更好。

6）以鸡肉、鱼、虾、猪肉等制成泥茸蒸后再炸制的菜肴宜用中火热油炸制，以达到皮酥肉嫩的效果，无论是加工成片状、块状还是条状，都适宜用浇淋芡汁。

（4）菜肴实例

【实例1 糖醋里脊片】

1）原料组成

主料：猪里脊肉300 g。

辅料：鸡蛋50 g、面粉20 g、淀粉30 g。

调料：食盐2 g、白糖100 g、料酒10 g、酱油25 g、醋30 g、葱花10 g、姜末5 g、蒜末5 g、鲜汤75 g、水淀粉25 g、食用油750 g（约耗75 g）。

2）制作过程

①将猪里脊肉切成厚0.3 cm的片，加食盐、料酒腌渍入味。鸡蛋、淀粉、面粉调匀成糊。

②将食盐、味精、白糖、酱油、醋、水淀粉、鲜汤放入碗内兑成糖醋芡汁。

③锅内加入食用油，烧至150℃，将肉片挂匀糊后逐片下入油中炸至肉片表面变硬，捞出。待油温回升至180℃，将肉片投入复炸，至肉片表面酥脆，呈金黄色时，捞出控油。

④炒锅中留食用油，用姜末、蒜末炝锅，将兑好的芡汁倒入锅内，汁浓油亮后，下炸好的肉片，撒葱花，旺火翻炒和匀，装盘成菜。

3）成菜特点。色泽红亮，外酥里嫩，酸甜适中。成品如图4-2-6所示。

图4-2-6 糖醋里脊片

【实例 2　烧熘鱼条】

1）原料组成

主料：净鱼肉 300 g。

辅料：竹笋 20 g、油菜心 25 g、水发木耳 15 g、鸡蛋 50 g、面粉 20 g、淀粉 30 g。

调料：葱段 10 g、姜片 5 g、蒜片 5 g、鲜汤 75 g、食盐 2 g、料酒 10 g、酱油 15 g、醋 5 g、水淀粉 25 g、食用油 750 g（约耗 75 g）。

2）制作过程

①将净鱼肉切成长 5 cm、粗 1 cm 的条，加食盐、料酒脆渍入味。竹笋切片，木耳撕成小朵。鸡蛋、淀粉、面粉调匀成糊。

②将食盐、白糖、酱油、醋、味精、鲜汤、水淀粉放入碗内兑成糖醋芡汁。

③炒锅上火加入食用油，烧至 160℃，将鱼条挂匀糊后入油中炸制，待鱼条炸至表面变硬时捞出。待油温回升至 180℃，将鱼条投入复炸，至表面酥脆、呈金黄色时，捞出控油。

④锅内加食用油，用葱段、姜片、蒜片炝锅，下辅料煸炒，将兑好的芡汁烹入锅内，待汁浓油亮后，下炸好的鱼条，旺火翻炒和匀，装盘成菜。

3）成菜特点。色泽红亮，外酥里嫩，咸鲜适口。成品如图 4-2-7 所示。

图 4-2-7　烧熘鱼条

【实例3 烧熘豆腐】

1）原料组成

主料：豆腐 400 g。

辅料：竹笋 20 g、油菜心 25 g、水发木耳 15 g。

调料：食盐 2 g、白糖 3 g、料酒 10 g、酱油 15 g、香油 2 g、葱段 10 g、蒜片 5 g、淀粉 20 g、鲜汤 75 g、食用油 750 g（约耗 100 g）。

2）制作过程

①将豆腐切成厚象眼片，竹笋切成片，木耳撕成小朵。

②将食盐、白糖、料酒、酱油、水淀粉、鲜汤放入碗内兑成咸鲜芡汁。

③炒锅上火加入食用油，烧至 200℃，将豆腐放入炸至表面金黄捞出。

④锅内加食用油，用葱段、蒜片炝锅，下辅料煸炒，烹入兑好的芡汁，待汁浓油亮后，下炸好的豆腐，旺火翻炒和匀，装盘成菜。

3）成菜特点。色泽红亮，咸鲜软嫩。成品如图 4-2-8 所示。

图 4-2-8 烧熘豆腐

二、爆

爆是将加工处理后的质脆的动物性原料,旺火热油快速烹调成菜的一种烹调方法。爆制工艺分类主要有油爆、酱爆、芫爆等。不同的爆制方法,工艺流程与技术关键有较大差异,下面分别讲解。

1. 油爆

(1)油爆的概念。将质脆的动物性原料加工成型后,经沸水锅焯水,过油,煸炒辅料,投入主料,倒入兑好的芡汁,急火浓芡成菜的烹调方法。

(2)油爆的工艺流程

选料——切配——焯水——过油——爆锅——下主料——烹入调味芡汁——旺火速成——装盘成菜。

(3)油爆的技术关键

1)烹调过程中要把握好三个"快"字:焯水要快、过油要快、翻炒要快。

2)爆锅时,油量不可过多,否则会影响芡汁的裹覆效果。

(4)菜肴实例

【实例1 爆鱿鱼卷】

1)原料组成

主料:鱿鱼400 g。

辅料:竹笋10 g、香菜段5 g。

调料:食盐3 g、味精2 g、料酒3 g、葱段3 g、蒜片3 g、鲜汤10 g、水淀粉5 g、食用油500 g(约耗75 g)。

2)制作过程

①将初加工的鱿鱼改十字花刀,切成长5 cm、宽4 cm的条。竹笋切成象眼片。

②将食盐、料酒、味精、水淀粉和鲜汤兑成调味芡汁。

③鱿鱼入沸水锅中迅速焯一下,捞出控干水分。将油烧至200℃左右,将鱿鱼卷入油中快速炸一下,捞出控油。

④另起锅,加食用油烧至160℃,加葱段、蒜片炝锅,下竹笋片、鱿鱼卷煸炒,烹入兑好的调味芡汁,下香菜段旺火翻炒和匀,装盘成菜。

3)成菜特点。口味咸鲜、脆嫩爽口。成品如图4-2-9所示。

图4-2-9　爆鱿鱼卷

【实例2　油爆海螺】

1)原料组成

主料:海螺肉400 g。

辅料:竹笋10 g。

调料:食盐3 g、味精2 g、料酒3 g、葱段3 g、蒜片3 g、鲜汤10 g、淀粉5 g、食用油500 g(约耗75 g)。

2)制作过程

①将初加工好的海螺肉片成片,竹笋切成象眼片。

②食盐、料酒、味精、水淀粉和鲜汤,兑成调味芡汁。

③将海螺片入沸水锅中迅速焯一下,捞出控干水分。锅内放入食用油,烧至180℃,将螺片放入油中快速炸一下,捞出控油。

④葱段、蒜片炝锅,下竹笋片、海螺片煸炒,烹入兑好的调味芡汁,旺火翻炒,装盘成菜。

3)成菜特点。口味咸鲜、脆嫩爽口。成品如图4-2-10所示。

图4-2-10 油爆海螺

2. 酱爆

(1)酱爆的概念。是以炒熟的面酱(黄酱或辣酱),爆炒主料、辅料成菜的烹调方法。

(2)酱爆的工艺流程。与油爆、爆炒相似,不同之处在于过油后的原料放入炒好的面酱中翻炒裹匀。调味品除用酱外,还要加少许白糖。

(3)酱爆的技术关键

1)关键是掌握炒面酱的面酱量和用油量。面酱的数量相当于主料的1/5为宜,炒面酱的用油量相当于面酱的1/2,油多酱少则裹不住主料,而油少酱多则易粘锅焦煳。

2)面酱需炒熟炒透,炒出香味,不可有生面酱味。

3)白糖不可放得太早,一般是在菜肴即将起锅时放入,以增加菜肴的甜味以及浓厚味感。

（4）菜肴实例

【实例 酱爆肉丁】

1）原料组成

主料：猪瘦肉 350 g。

辅料：竹笋 20 g、蛋清淀粉 20 g。

调料：食盐 1 g、白糖 2 g、味精 2 g、面酱 10 g、料酒 3 g、香油 2 g、葱丁 5 g、蒜片 5 g、鲜汤 20 g、食用油 500 g（约耗 75 g）。

2）制作过程

①猪瘦肉先切成厚 1.5 cm 的片，剞十字花刀，改刀成 1.5 cm² 大小的丁，加食盐、料酒码味，上蛋清淀粉浆后入 140℃ 油锅中滑油至嫩熟，捞出备用。竹笋切成 1.2 cm² 大小的丁，焯水后捞出控干水分。

②锅内放入食用油烧至 160℃，下葱丁、蒜片、竹笋丁炝炒，烹料酒，加面酱煸炒，掺鲜汤，加食盐、白糖、味精调好口味，倒入肉丁翻匀，淋上香油装盘。

3）成菜特点。咸鲜、滑嫩，酱香浓郁。成品如图 4-2-11 所示。

图 4-2-11　酱爆肉丁

3. 芫爆

（1）芫爆的概念。是以芫荽（香菜）为主要辅料爆制成菜的烹调方法。成品以主料的本色为主，辅以香菜，白绿相间，相得益彰，咸鲜清淡，有浓郁的芫荽香味。

（2）芫爆的工艺流程

选料──→切配──→爆锅──→煸炒辅料──→下主料──→烹入清汁──→旺火翻炒──→装盘成菜。

（3）芫爆的操作要点

1）辅料必须是香菜段，用量较多。

2）烹入的是调味清汁，调味宜清淡。

（4）菜肴实例

【实例　芫爆里脊丝】

1）原料组成

主料：猪里脊肉 350 g。

辅料：香菜段 50 g、竹笋 10 g。

调料：食盐 3 g、味精 2 g、料酒 5 g、葱丝 5 g、姜丝 5 g、水淀粉 10 g、鲜汤 20 g、食用油 500 g（约耗 50 g）。

2）制作过程

①猪里脊肉切成长 8 cm、粗 0.3 cm 的丝，加食盐、料酒、水淀粉腌渍上浆备用。竹笋切成长 6 cm、粗 0.3 cm 的丝，焯水后捞出，控干水分。

②将食盐、味精、料酒、鲜汤兑成调味清汁。

③锅中加食用油，烧至 120℃ 左右，将肉丝放入滑散至断生，捞出控油。

④锅中加食用油，加葱丝、姜丝、竹笋丝、香菜段翻炒，放入肉丝，烹入兑好的调味清汁翻匀，盛入盘中。

3）成菜特点。白绿相间，清鲜味爽。成品如图4-2-12所示。

图4-2-12　芫爆里脊丝

三、煎

1. 煎的概念

煎是将原料加工成扁平状，腌渍入味后，以少量油为传热介质，用中、小火慢慢加热至两面金黄色并成熟，使菜肴达到外酥脆、里鲜嫩的口感的烹调方法。

2. 煎的工艺流程

选料——→切配——→腌渍入味——→炒锅炼滑——→煎制成熟——→装盘成菜。

3. 煎的技术关键

（1）原料宜加工成扁平状，便于成熟。

（2）原料要腌渍入味。

（3）煎制之前，炒锅要炼滑。

（4）煎制时要掌握好火候，防止焦煳。

（5）煎制完成后，适当进行辅助调味。

4. 煎的成菜特点

　　色泽金黄，外酥香、里软嫩。

5. 菜肴实例

【实例 1　煎肉饼】

（1）原料组成

　　主料：猪去皮五花肉 300 g。

　　调料：食盐 3 g、料酒 8 g、味精 3 g、香油 2 g、葱 10 g、姜 10 g、水淀粉 20 g、食用油 100 g。

（2）制作过程

　　1）五花肉剁成茸，加食盐、料酒、味精、香油、水淀粉充分搅匀成肉馅，再将肉馅捏成丸子，用手按压成饼状。

　　2）炒锅炼滑，加食用油烧热至 140 ℃，将肉饼摆入锅中，不断旋锅，煎至金黄色，大翻锅，将另一面也煎至金黄色并且成熟，装盘成菜。

（3）成菜特点。鲜香可口，外酥里嫩。成品如图 4-2-13 所示。

图 4-2-13　煎肉饼

【实例2 煎带鱼】

(1) 原料组成

主料：带鱼 300 g。

辅料：鸡蛋液 30 g、淀粉 40 g。

调料：食盐 3 g、味精 2 g、料酒 5 g、葱丝 10 g、姜丝 10 g、食用油 100 g。

(2) 制作过程

1) 带鱼洗净，切成段，用食盐、料酒、味精、葱丝、姜丝腌渍入味。

2) 炒锅炼滑，加入食用油，加热到 120℃，将带鱼逐块拍淀粉、拖上蛋液，摆入锅中，小火煎制，颜色变黄时，再煎制另一面至成熟，出锅装盘。

(3) 成菜特点。色泽金黄，外酥里嫩，鲜香可口。成品如图 4-2-14 所示。

图 4-2-14 煎带鱼

四、炒

炒是将加工过的鲜嫩小型原料，用旺火在短时间内加热、调味成菜的烹调方法。炒制工艺分类主要有生炒、熟炒、滑炒、软炒、干炒等。中式烹调师在中级阶段要求掌握滑炒和软炒的技法。

1. 滑炒

（1）滑炒的概念。是将加工好的小型原料，上浆滑油，用少油量急火快炒成菜的烹调方法。

（2）滑炒的工艺流程

选料──→切配──→腌渍入味──→上浆──→滑油至断生──→烹汁──→装盘成菜。

（3）滑炒的技术关键

1）应选用鲜嫩的鱼、虾、肉类等原料，刀工成型要整齐划一。

2）肉质较老、肌纤维较粗的原料（如牛肉），需先进行嫩化处理。

3）滑炒要求火力旺，操作速度快，成菜时间短。

4）滑油时要求原料变色断生即可。

（4）菜肴实例

【实例　青椒炒肉丝】

1）原料组成

主料：猪通脊肉 350 g。

辅料：青椒 25 g、竹笋 10 g。

调料：食盐 3 g、味精 3 g、料酒 5 g、葱丝 3 g、姜丝 3 g、鲜汤 15 g、水淀粉 20 g、食用油 150 g。

2）制作过程

①将猪通脊肉切成长 6 cm、粗 0.3 cm 的丝，加入食盐、料酒、水淀

粉腌渍上浆。青椒切成长 5 cm、粗 0.3 cm 的丝；竹笋切成长 5 cm、粗 0.3 cm 的丝，焯水捞出控干水分。

②食盐、味精、料酒、鲜汤、水淀粉兑成调味芡汁。

③炒锅置火上，炼锅后，加入食用油烧至 120℃ 左右，放入肉丝滑散变白断生，捞出控油。

④锅中加食用油，放入葱丝、姜丝炝锅，加青椒丝、竹笋丝煸炒断生，加入肉丝，烹入调味芡汁，翻锅炒匀，收汁亮油起锅装盘成菜。

3）成菜特点。口味咸鲜，白绿相间，质感滑嫩。成品如图 4-2-15 所示。

图 4-2-15　青椒炒肉丝

2. 软炒

（1）软炒的概念。是将原料加工成流体状、泥状、颗粒状等半成品，与调味品、鸡蛋、淀粉等调成泥状或半流体，用中小火热油迅速翻炒成菜，或滑油后再炒制成菜的烹调方法。

（2）软炒的工艺流程

选料──→切配──→调制半成品──→滑油或直接推炒──→炒制──→装盘成菜。

（3）软炒的技术关键

1）原料加工：主料鸡肉或鱼虾需剔净筋络，制成泥状；豆类、薯类需加热至熟软后制成泥，辅料要切成小片或颗粒状。

2）调制半成品：鸡蛋、淀粉、水、奶的比例应适当。

3）炒制之前一定要炼锅，手勺要快速推炒，以免挂边。

4）咸鲜味软炒菜肴口味宜清淡不腻，油的用量应适当；甜香味软炒菜肴要待主料酥香软烂后，再加入白糖和食用油，白糖与油脂完全融合后及时出锅，防止白糖炒焦变色。

（4）菜肴实例

【实例　苜蓿肉】

1）原料组成

主料：猪瘦肉 100 g。

辅料：鸡蛋 200 g、水发木耳 50 g、黄瓜 50 g。

调料：食盐 3 g、料酒 2 g、味精 2 g、葱丝 5 g、姜丝 5 g、鲜汤 20 g、水淀粉 15 g、食用油 40 g。

2）制作过程

①猪瘦肉切成长 6 cm、粗 0.3 cm 的丝；木耳切成粗丝；黄瓜切成长 5 cm、粗 0.3 cm 的丝。

②将肉丝加食盐、料酒、水淀粉腌渍、上浆，入沸水锅中滑至嫩熟，捞出控干水分。鸡蛋打入碗内，打散成鸡蛋液。

③锅内底油烧热，加葱丝、姜丝炝锅，下鸡蛋液炒至成熟，放入肉丝、木耳丝、黄瓜丝炒匀，加食盐、味精调好口味，中火翻炒均匀，装盘成菜。

3）成菜特点。咸鲜清淡，质感软嫩。成品如图 4-2-16 所示。

图 4-2-16　苜蓿肉

学习单元3 以汽为传热介质的烹调方法

以汽为传热介质的烹调方法以蒸为主,中式烹调师在中级阶段要求掌握蒸水蛋、蒸芙蓉等技术含量较高的蒸制菜品。

蒸

1. 蒸的概念

蒸是将加工好的、事先调好口味的原料放在盛器中,再置于蒸锅中利用有一定压力的蒸汽使其成熟的烹调方法。成品形状整齐,原汁原味,质地细嫩。

2. 蒸的类型

蒸制主要包括清蒸、粉蒸等。无论哪种蒸制,其工艺流程都是相通的,技术关键也基本相同。

3. 蒸的工艺流程

选料──→切配──→初步熟处理──→装盘调味──→蒸制成菜。

4. 蒸的技术关键

（1）蒸制的原料必须要新鲜。

（2）要根据原料的类别、性质、形态和菜肴要求,掌握好火候。

（3）多种菜肴同蒸时,要安排好原料在蒸锅中的上下顺序。

5. 菜肴实例

【实例　蒸水蛋】

（1）原料组成

主料：鸡蛋 200 g。

调料：食盐 2 g、味精 2 g、料酒 2 g、味极鲜酱油 5 g、香油 5 g、纯净水 200 g。

（2）制作过程

1）鸡蛋打入盛器中，加食盐、味精、料酒、纯净水搅匀成蛋液。

2）蒸锅内的水烧开，蛋液倒入鲍鱼盘中，放入蒸笼里，用中火沸水缓缓蒸制 5 分钟，至水蛋嫩熟取出。

3）取小碗，加味极鲜酱油、香油，上桌时辅助调味。

（3）成菜特点。色泽金黄，口感软嫩。成品如图 4-2-17 所示。

图 4-2-17　蒸水蛋

综合实训

一、烩三丝制作训练

实训任务：通过制作烩三丝，掌握以水为传热介质的烹调方法。

☛ 操作准备：

（1）原料的准备：鸡脯肉 100 g、火腿 50 g、竹笋 50 g、淀粉 25 g、食盐 3 g、味精 2 g、料酒 3 g、食用油 500 g、鲜汤 150 g 等。

（2）工具的准备：炉灶、炒锅、手勺、漏勺、料碗、汤碗、菜刀、砧板等。

☛ 操作步骤：

• 步骤1：刀工处理。将鸡脯肉切成长 6 cm、粗 0.25 cm 的丝，熟火腿、竹笋均切成长 6 cm、粗 0.2 cm 的丝。加食盐 1 g、料酒 2 g、水淀粉 10 g 腌渍上浆，入 140℃ 的油中滑熟备用。

• 步骤2：熟处理。鸡丝加食盐 1 g、料酒 2 g、水淀粉 10 g 腌渍上浆，入 140℃ 的油中滑熟备用，竹笋丝入沸水锅焯水捞出。

• 步骤3：烩制成菜。锅内放鲜汤，加火腿丝、竹笋丝，烧沸，调入食盐、味精、料酒烧开，用水淀粉勾成薄芡，放入鸡丝搅匀，淋上香油，装入汤碗内成菜。

二、炒青椒肉丝制作训练

实训任务：通过制作炒青椒肉丝，掌握以油为传热介质的烹调方法。

☛ 操作准备：

（1）原料的准备：猪通脊肉 150 g、青椒 25 g、葱丝 3 g、姜 3 g、淀粉 20 g、食盐 3 g、味精 3 g、料酒 5 g、食用油 100 g、鲜汤 15 g 等。

（2）工具的准备：炉灶、炒锅、手勺、漏勺、料碗、汤碗、盘、菜刀、砧板等。

☛ 操作步骤：

• 步骤1：刀工处理。猪通脊肉切成长 6 cm、粗 0.3 cm 的丝，青椒切成长 5 cm、粗 0.3 cm 的丝；竹笋切成长 5 cm、粗 0.3 cm 的丝。
- 步骤 2：码味上浆。猪肉丝加入食盐、料酒、水淀粉腌渍上浆。
- 步骤 3：熟处理。青椒丝、竹笋丝分别焯水，控干水分。炒锅置火上，炼锅后加入食用油，烧至 120℃左右，放入肉丝滑散变白断生，捞出控油。
- 步骤 4：兑汁。食盐、味精、料酒、水淀粉、鲜汤兑成调味芡汁。
- 步骤 5：炒制成菜。锅中加食用油，放入葱丝、姜丝炝锅，放入青椒丝煸炒断生，加入肉丝和匀，烹入调味芡汁，翻锅炒匀，收汁亮油起锅，装盘成菜。

三、爆鱿鱼卷制作训练

实训任务：通过制作爆鱿鱼卷，掌握以油为传热介质的烹调方法，同时掌握剞刀的技巧。

操作准备：

（1）原料的准备：鱿鱼 200 g、竹笋 10 g、香菜段 5 g、葱 3 g、蒜 3 g、淀粉 5 g、食盐 3 g、味精 2 g、料酒 3 g、食用油 500 g（约耗 75 g）、鲜汤 10 g 等。

（2）工具的准备：炉灶、炒锅、手勺、漏勺、料碗、盘、汤碗、刀具、砧板等。

操作步骤：

- 步骤 1：刀工处理。鱿鱼初加工后改刀切成十字花刀，再切成长 5 cm、宽 4 cm 的条，竹笋切成象眼片，葱切成马耳朵形，蒜切成指甲片。
- 步骤 2：熟处理。鱿鱼块先放入沸水锅中迅速焯一下，捞出控干水分，再将油烧至 200℃左右，将鱿鱼卷入油中快速炸一下，捞出控油。竹笋片放入沸水锅中焯水，捞出控干水分。
- 步骤 3：兑汁。食盐、料酒、味精、水淀粉和鲜汤兑成调味芡汁。
- 步骤 4：爆制成菜。炒锅加食用油 50 g，烧至 160℃，放入葱、蒜片炝锅，下入竹笋片、鱿鱼卷煸炒，烹入兑好的调味芡汁，下入香菜段旺火翻炒和匀，装盘成菜。

四、蒸水蛋制作训练

实训任务：通过制作蒸水蛋，掌握以汽为传热介质的烹调方法。

📹 操作准备：

（1）原料的准备：鸡蛋 150 g、食盐 2 g、味精 2 g、料酒 2 g、味极鲜酱油 5 g、香油 5 g、纯净水 150 g 等。

（2）工具的准备：蒸灶、鲍鱼盘、料碗、筷子等。

📹 操作步骤：

- 步骤1：调制蛋液。鸡蛋打入盛器中，加食盐、味精、料酒、纯净水搅匀成蛋液。
- 步骤2：蒸制。蒸锅内的水烧开，蛋液倒入鲍鱼盘中，放入蒸笼里，用中火沸水缓缓蒸制 5 分钟，至水蛋嫩熟取出。
- 步骤3：辅助调味。蒸制好的蛋液上加入味极鲜酱油、香油辅助调味成菜。

课程 4-3　冷菜制作

学习内容

学习单元	课程内容	培训建议	课堂学时
（1）热制冷食菜肴的制作	1）酱 ①酱的概念 ②酱的工艺流程 ③酱的技术关键 ④菜肴实例 2）卤 ①卤的概念 ②卤的工艺流程 ③卤的技术关键 ④菜肴实例	（1）方法：讲授法、演示法 （2）重点：不同烹调方法 （3）难点：代表菜例的掌握	6

续表

学习单元	课程内容	培训建议	课堂学时
（2）拼盘的制作	1）拼盘概述 2）拼盘的技术关键 3）拼盘的制作 ①双拼的制作 ②三拼的制作 ③什锦拼盘的制作	（1）方法：讲授法、演示法 （2）重点：拼摆的手法 （3）难点：刀工成形	6

学习单元 1　热制冷食菜肴的制作

热制冷食菜肴是指通过一定的加热方式使原料成熟，然后凉透食用的一类菜肴的制作方法。烹调方法主要有酱、卤、冻、酥等。中式烹调师在中级阶段要求掌握酱、卤的工艺技术。

一、酱

1. 酱的概念

酱是指原料初加工后，放入酱锅中，小火煮至质软汁稠时出锅晾凉，浇上原汁食用的烹调方法。成品口味醇浓、鲜香酥烂、酱香浓郁、色泽鲜艳。

2. 酱的工艺流程

选料──→加工处理──→配制酱汁──→酱制──→切配装盘成菜。

3. 酱的技术关键

（1）有异味的原料在酱制前要经过腌渍或焯水除去异味。

（2）酱制过程中要掌握好火候。

4. 菜肴实例

【实例　酱牛肉】

（1）原料组成

主料：牛肉 1 000 g。

调料：食盐 100 g、酱油 500 g、糖色 20 g、葱段 100 g、姜片 100 g、花椒 25 g、八角 25 g、桂皮 15 g、清水 3 500 g。

（2）制作过程

1）将牛肉切成大块，入冷水锅中焯去血污和异味。

2）锅内加清水，将牛肉、酱油、葱段、姜片、花椒、八角、桂皮、食盐、糖色一并下锅，大火烧开，撇尽浮沫，改中小火将牛肉煮至熟烂，用原卤汁浸泡，待食用时捞出改刀装盘。

3）锅内留原汁，大火收浓，浇在牛肉上即可。

（3）成菜特点。酱红色，鲜香熟烂。成品如图 4-3-1 所示。

图 4-3-1　酱牛肉

二、卤

1. 卤的概念

卤是指将加工整理的原料，放入事先制好的卤汁中，旺火烧开，小火煮熟，使卤汁中的鲜香滋味缓缓地渗入原料内部，原料变得香浓酥烂，关火冷却成菜的烹调方法。成品鲜香醇厚、味透肌里、诱人食欲。

2. 卤的工艺流程

选料──→加工──→卤前预制──→调制卤汁──→卤制──→切配装盘成菜。

3. 卤的技术关键

（1）掌握卤汁与原料的比例，以淹没原料为宜。卤制过程中要不断翻动原料，使原料受热均匀、着色均匀、入味充分。量多的原料卤制时，锅底要垫上竹箅子，以防沾底糊锅。

（2）卤制时旺火烧沸，改小火保持卤汁沸而不腾，不至于使卤汁蒸发过快，香味散失。卤制过程中要经常撇去浮沫。

（3）多种原料同时卤制时，要掌握好投料顺序。

（4）要把用过的卤汁保存好，卤汁保存得越久越好。为了防止卤汁污染变质，捞取原料要用专用工具；卤汁要经常烧沸；要定期清理残渣；要定期添加香料和调味料；要选择合适的器皿存放。

4. 菜肴实例

【实例　卤猪肘】

（1）原料组成

主料：猪肘肉 500 g。

调料：食盐3 g、冰糖50 g、味精5 g、糖色50 g、料酒10 g、姜片50 g、八角2 g、桂皮3 g、香叶2片、花椒5 g、清水2 000 g。

（2）制作过程

1）猪肘肉入冷水锅焯水，捞出控干水分。

2）锅内加清水，加姜片、八角、桂皮、香叶、花椒、干辣椒、食盐、冰糖、糖色、料酒、味精烧开，将猪肘肉放入锅内，中小火卤制60分钟。

3）卤好的猪肘肉浸入卤汁中，随用随取。

（3）成菜特点。咸鲜香浓。成品如图4-3-2所示。

图4-3-2　卤猪肘

学习单元2　拼盘的制作

拼盘在中式烹调中占有重要地位，它体现中式烹调师的刀工和拼摆技巧，技术含量较高，且具有一定的艺术性。

一、拼盘概述

拼盘就是凉菜拼摆，是根据食用要求把经过刀工处理、调好口味的凉菜原料整齐美观地拼摆入盘内成菜的方法。拼摆的质量取决于刀工技术的好坏和拼摆技巧的熟练程度。刀工精细，拼摆富于技巧性、艺术性的拼盘能给就餐者视觉、味觉和心理上带来愉悦，使就餐者获得美的享受。拼盘按拼摆技术分为一般拼盘和花色拼盘。

二、拼盘的技术关键

（1）拼摆之前，要有针对性地选择原料。所选择的原料要具有可食用性，便于刀工成形，便于拼摆，同时还要注意各种原料之间的营养搭配。

（2）好的刀工技术是做好拼盘的关键之所在，同时还要掌握好拼摆技巧，拼摆时软硬面要很好地结合，正确选用排、堆、叠、围、摆等拼摆手法。

（3）拼摆时原料色彩搭配要协调。冷菜原料都有自己的颜色，拼摆时要有计划地合理排列，使其浓淡相宜、互相映衬、色彩鲜艳、给人以美的享受。

（4）拼摆成形后，根据需要在盘中空隙处或适当位置进行恰当的点缀，起到画龙点睛的作用，以达到拼盘的完美。

（5）拼盘完成后就要直接食用，没有再加工的过程，所以拼摆的时候要特别注意卫生。

（6）在拼摆的过程中要合理用料，在保证形态和质量的前提下，应尽量减少不必要的损耗，使原料物尽其用。

三、拼盘的制作

1. 双拼的制作

（1）双拼的概念。把两种不同种类和颜色的半成品或成品冷菜原料拼摆在一起的冷拼称为双拼。

（2）双拼的工艺流程

选料——切配——拼摆——点缀——辅助调味。

（3）双拼的技术关键

1）刀工要均匀一致。

2）码片时，片与片之间的距离要匀称。

3）拼摆要整齐美观。

4）点缀要适度。

5）调味要准确。

（4）菜肴实例

【实例　双拼（蛋黄糕、巧克力色蛋白糕）】

1）原料组成

主料：蛋黄糕、巧克力色蛋白糕。

辅料：黄瓜、胡萝卜。

调料：辣酱油、麻汁酱。

2）制作过程

①码垛。将黄瓜切成均匀一致的细丝，在盘子正中央码垛成圆锥形，顶部略有圆滑。将黄瓜切半圆片围在四周，使其整齐美观。胡萝卜切成一定形状，在盘中进行装饰。

②切片。将准备好的巧克力色蛋白糕与蛋黄糕分别切成长 6.5 cm、宽 1.5 cm、厚 0.3 cm 的片。

③码面。分别将切好的蛋黄糕片、巧克力色蛋白糕片码成扇形（10~15 片为佳），码片时片与片之间的距离要匀称。

④拼摆。把码好的片用刀轻轻翘起，均匀对称地拼摆在盘内。

⑤点缀。盘内空隙处用黄瓜、胡萝卜适当点缀。

⑥辅助调味。配辣酱油和麻汁酱两种味碟。

3）成菜特点。色泽艳丽，整齐美观，清凉爽口。成品如图 4-3-3 所示。

图 4-3-3　双拼

2. 三拼的制作

（1）三拼的概念。把三种不同种类和颜色的半成品或成品冷菜原料拼摆在一起的冷拼称为三拼。

（2）三拼的工艺流程

选料──→切配──→拼摆──→点缀──→辅助调味。

（3）三拼的技术关键

1）刀工要均匀一致。

2）码片时，片与片之间的距离要匀称。

3）拼摆要整齐美观。

4）点缀要适度。

5）调味要准确。

（4）菜肴实例

【实例　三拼（方火腿、胡萝卜、巧克力色蛋白糕）】

1）原料组成

主料：胡萝卜、方火腿、巧克力色蛋白糕。

辅料：黄瓜。

调料：辣酱油、麻汁酱、番茄酱、辣鲜露。

2）制作过程

①码垛。将黄瓜切成均匀一致的细丝，在盘子正中央码垛成圆锥形，顶部略圆滑。部分黄瓜切成雀翅型，放于盘中装饰点缀。

②切片。将准备好的巧克力色蛋白糕、方火腿、胡萝卜分别切成长 6.5 cm、宽 1.5 cm、厚 0.3 cm 的片。

③码面。将巧克力色蛋白糕片、方火腿片、胡萝卜片码成扇形（10～15 片为佳）。

④拼摆。把码好的片先铲在刀面上,再均匀对称地拼摆在盘内。

⑤点缀。盘内空隙处适当点缀。

⑥辅助调味。配辣酱油、麻汁酱、番茄酱和辣鲜露等几种味碟。

3)成菜特点。色泽艳丽,整齐美观,清凉爽口。成品如图4-3-4所示。

图4-3-4 三拼

3.什锦拼盘的制作

(1)什锦拼盘的概念。把六种或六种以上不同种类和颜色的半成品或成品冷菜原料拼摆在一起的冷拼称为什锦拼盘。

(2)什锦拼盘的工艺流程

选料→制作六边或八边形的底座→切配→拼摆→装饰→辅助调味。

(3)什锦拼盘的技术关键

1)刀工要均匀一致。

2)码片时,片与片之间的距离要匀称。

3)拼摆要整齐美观。

4)装饰要细致且美观。

5)调味要准确。

（4）菜肴实例

【实例　什锦拼盘】

1）原料组成

主料：蛋黄糕、蛋白糕、胡萝卜、方火腿、巧克力色蛋白糕、基围虾、海蜇头。

辅料：白萝卜、青红辣椒、黄瓜。

调料：食盐、味精、酱油、白糖、醋、辣椒油、花椒油、番茄酱、辣鲜露。

2）制作过程

①将蛋黄糕、蛋白糕、方火腿、巧克力色蛋白糕切成三角形。将白萝卜片成薄片，将胡萝卜切成均匀的细丝，然后用白萝卜片将胡萝卜丝卷成萝卜卷备用。基围虾切去头和尾焯水致熟备用，海蜇头片成薄片焯水致熟备用。青红辣椒切成细丝焯水备用，黄瓜切成细丝备用。

②将修好的料型切成均匀的薄片，整齐地码片，再按八边形每一部分三角形的大小，把多余的料整齐地去掉。

③用基围虾在中央空隙处围成圈，中间垫上黄瓜丝，放上适量海蜇头，点缀上辣椒丝。

④将萝卜卷斜刀切成平行四边形，整齐地围在四周。

⑤辅助调味。分别调制红油味汁、麻辣味汁、茄汁味汁、酸辣味汁、咸鲜味汁、咸酸味汁等六种味汁。

3）成菜特点。色泽鲜艳，整齐美观，清凉爽口，八边形棱角分明。成品如图4-3-5所示。

图 4-3-5 什锦拼盘

■■ 综合实训

一、卤肉制作训练

实训任务：通过制作卤肉，掌握卤制菜肴原料的初加工方法及卤制菜肴的要领。

☞ 操作准备：

（1）原料的准备：猪带皮五花肉 500 g、葱段 75 g、姜片 50 g、香料（八角 2 g、桂皮 3 g、香叶 2 片、花椒 5 g 等）、食盐 30 g、白糖 50 g、味精 50 g、糖色 10 g、料酒 10 g、鲜汤 2 000 g 等。

（2）工具的准备：炉灶、炒锅、汤锅、手勺、漏勺、料碗、盆、盘、菜刀、砧板等。

☞ 操作步骤：

• 步骤 1：调制卤汁。汤锅内加鲜汤，加葱段、姜片、香料（八角、桂皮、香叶、花椒等）烧开，保持小火加热约 20 分钟，至香气浓郁时，加食盐、冰糖、糖色、料酒、味精等调味调颜色，达到要求即成卤汁。将猪肉放入锅内，中小火卤制 60 分钟。

• 步骤 2：熟处理。猪五花肉采用冷水锅焯水方法焯水，捞出控干水分。

• 步骤 3：卤制。将猪五花肉放入调制好的卤汁中，烧开，去掉浮沫，转小火加热卤制约 60 分钟，至猪肉熟软、上色后关火，捞出猪肉晾凉。

- 步骤 4：刀工。猪肉切成薄片，装入盘中。
- 步骤 5：辅助调味。切好的猪肉淋上卤汁，进行辅助调味。

二、三拼拼盘制作训练

实训任务：通过制作三拼拼盘，掌握拼盘的制作要领及技巧。

☞ 操作准备：

（1）原料的准备：方火腿 200 g、鸡蛋 200 g、胡萝卜 150 g、黄瓜 50 g、食盐 2 g、味精 1 g、巧克力粉 2 g 等。

（2）工具的准备：蒸锅、方形器皿、料碗、盆、圆盘、菜刀、砧板、筷子等。

☞ 操作步骤：

- 步骤 1：制作半成品原料。鸡蛋取蛋清，用筷子轻轻打散，加入食盐、味精、巧克力粉和匀，装入方形器皿中，放入蒸笼上小火蒸熟取出，晾凉后倒出即成巧克力色蛋白糕。
- 步骤 2：刀工成型。黄瓜一部分切成均匀一致的细丝，另一部分切成雀翅型；巧克力色蛋白糕、方火腿、胡萝卜分别切成长 6.5 cm、宽 1.5 cm、厚 0.3 cm 的片。
- 步骤 3：码垛。黄瓜丝在圆盘正中央码垛成圆锥形，顶部略微圆滑。
- 步骤 4：码面。巧克力色蛋白糕片、方火腿片、胡萝卜片分别码成扇形（10～15 片为佳）。
- 步骤 5：拼摆。把码好的片先铲在刀面上，再均匀对称地拼摆在圆盘内。
- 步骤 6：点缀。盘内空隙处用雀翅型黄瓜适当点缀。